U0662598

世界建筑赏析

（白金版）

奇点文化◎编著

清華大學出版社
北京

内 容 简 介

本书精选了来自32个国家的200多座建筑，通过600余幅高清精美插图，辅以建筑信息和赏析解读，为读者带来一场难忘的视觉盛宴，一同体会建筑艺术的起源与发展、宏观与微观、雄伟与优雅、震撼与感动。全书分为7章，包括对世界建筑艺术的认识，以及欧洲、亚洲、北美洲、南美洲、大洋洲和非洲大陆上一些代表性国家的著名建筑赏析。为了保证可读性和欣赏性，本书在介绍建筑历史、赏析建筑形式的同时，采用错落有致的图片版式展示了建筑的整体外观、内部装饰、著名景点等，使整个版面更加丰富，同时增加了阅读的趣味性。

本书极具建筑艺术启发意义和收藏价值，适合对世界建筑艺术感兴趣、想要提高建筑鉴赏能力和审美水平、有建筑设计学习需求的读者阅读。同时，它也可以作为大众建筑艺术爱好者的收藏图册和鉴赏指南，或作为开设了建筑设计等相关课程的各学校、培训机构的教学参考用书。

图书在版编目（CIP）数据

世界建筑赏析：白金版 / 奇点文化编著. -- 北京：清华大学出版社，2025. 7. -- ISBN 978-7-302-69495-3

Ⅰ. TU-861

中国国家版本馆CIP数据核字第202580BU33号

责任编辑：李玉萍
封面设计：李 坤
责任校对：孙晶晶
责任印制：沈 露

出版发行：清华大学出版社

网　　址：https://www.tup.com.cn，https://www.wqxuetang.com
地　　址：北京清华大学学研大厦A座　　**邮　　编：**100084
社 总 机：010-83470000　　**邮　　购：**010-62786544
投稿与读者服务：010-62776969，c-service@tup.tsinghua.edu.cn
质 量 反 馈：010-62772015，zhiliang@tup.tsinghua.edu.cn

印 装 者：涿州汇美亿浓印刷有限公司
经　　销：全国新华书店
开　　本：146mm×210mm　　**印　　张：**15　　**字　　数：**408千字
版　　次：2025年8月第1版　　**印　　次：**2025年8月第1次印刷
定　　价：98.00元

产品编号：104215-01

前言

人类历史源远流长，自从有了对庇护所的需求之后，建筑就开始出现在人类的生活中，并随着人类的发展和壮大而不断进步。从原始社会中满足最基本的居住需求，到奴隶制乃至封建制社会中满足阶级分隔与祭祀的需求，再到现代社会中满足艺术欣赏与生产的需求，建筑伴随着人类文明走过了千万年的光阴。无论是留存至今的古建筑还是不断涌现的新建筑，都是人类历史与当下的见证，是社会、文化发展的反映和载体。

从古至今，建筑的出现都承载着特定的意义，并传达了鲜明的情感基调。例如，民居大多是为了给人们提供居住和使用的场所，使人们免受恶劣天气与自然灾害的侵扰，它们传达的是安稳、平静的情感。再如宫殿、城堡、陵墓等带有封建帝制色彩的建筑，它们不仅是古时候君王或社会高层贵族满足居住需求的场所，也是用来显示阶级区分、展示统治阶级权威的工具，它们传达的是威严、不可侵犯的情感。此外，金字塔、祭坛、神庙、教堂、清真寺等祭祀类建筑，象征着人类对太阳、宇宙乃至生命起源的敬畏与崇拜，它们传达的是虔诚、神秘的情感。

不同的结构形态和诞生意义，赋予了建筑不同的使命。对于建筑专业人士来说，欣赏一座建筑可能会从它的根本出发，深入研究其结构、材料、形制、空间过渡等方面，充分挖掘每一部分的含义与功能，感受设计师的良苦用心。而对于普通大众来说，一座建筑的美观与否、震撼与否，往往是从其外观、规模、内部空间与装饰等方面直观感受到的。同时，了解建筑的历史渊源与建造意义，也能帮助人们更好地感受建筑所象征的深层次情感。

为了帮助没有专业建筑背景的读者能够直观、便捷地欣赏世界建筑艺术的美，更轻松地理解建筑结构和建筑意义，编者精选了32个国家的200余座著名建筑，编纂成本书。

全书可分为两大部分。第一部分在帮助读者认识世界建筑艺术，了解这些艺术的起源与发展，为后续更好地欣赏作品打下基础。第二部分是本书的主体，该部分按照不同大洲和国家介绍世界上的著名建筑，其中涵盖了远古时期的遗迹、古代王朝的封建建筑以及现代化的新式建筑等。书中介绍了中国、意大利、法国、英国、德国、俄罗斯、美国、加拿大、巴西、埃及、印度等国家的建筑，通过图文搭配的方式展现世界建筑艺术的多样性和丰富性。

书中设置了国家建筑特色介绍、建筑基本信息、建筑展示和建筑赏析四大板块，以保证本书的可读性和欣赏性。全书采用错落有致的版式设计，使阅读体验更佳。全书脉络清晰，首先按照大洲进行分章，然后按国家进行分类，充分展示了因地域和文化差异而产生的建筑艺术方面的特点。在建筑赏析方面，本书尽量避免使用专业术语，而是采用通俗易懂的语言来介绍或评价建筑，让普通人也能够感受到建筑艺术的极致美感。

需要说明的是，由于历史、文化、语言差异以及建筑翻修等原因，建筑的历史渊源、建造年代、具体高度、占地面积、内部构造等相关数据和信息可能会存在一些不可考或存疑的情况，这些尚有待进一步研究。因此，书中难免会有错漏和不足之处，欢迎读者朋友批评指正。

编　者

目录

第6章 大洋洲建筑 385

第7章 非洲建筑 423

第1章
建筑艺术概述

在漫长的历史长河中，无数的建筑见证了文明的诞生与发展。作为一种融合了美学、材料、工程技术以及文化传承的综合性艺术，建筑艺术源远流长，派别繁多，是人类历史的重要组成部分。

建筑见证人类文明起源

从远古时期为神灵打造的祭坛、为遮风避雨而开凿的洞穴，到现代融合了立体结构美学与实用性的高楼大厦，建筑贯穿了人类文明的始终。它不仅是人类活动的场所，更是记录人类历史、文化和思想的载体。

建筑的发展和演变一直伴随着人类文明的进程，同时也见证了不同社会形态、不同时期、不同文明和不同国家的文化历史变迁。从遗留至今的远古遗迹和宏伟建筑中，人们得以窥探千万年前的文明起源。

由穴居向建屋而居的转变

远古人类掘穴而居，是为了躲避自然的严酷和猛兽的侵袭。原始洞穴的发展经历了横穴、半横穴、袋形竖穴、袋形半竖穴、直壁形半竖穴等几个阶段。

在穴居时代，人类已经开始使用石制工具进行采集、狩猎以及从事初级农业生产活动，同时也开始使用炭笔、颜料等材料绘制一些纪实或带有幻想色彩的壁画，这些作品形成了人类最早的艺术创作，也是最早的室内装饰形式。

◆远古人类洞穴

◆远古人类洞穴壁画

随着气候与地理环境的变化，人类逐渐走出洞穴，踏上了迁徙之旅，开始过上了游牧和农耕生活。为了在恶劣的自然环境中拥有安身之所，人类开始使用木桩、树枝、动物皮毛制作帐篷，甚至搭建茅屋，以达到遮风避雨、保暖防寒、藏身防御的目的。这些住所同时也具有一定的机动性，可以根据环境和气候的变化进行调整和移动。

在不同的文明发源地，人类在适应环境的过程中建造出了许多独属于该地区的居所和建筑物。同时，随着文明的发展，人类逐渐创作出了不同的建筑风格，并形成了早期的建筑艺术。

四大古文明建筑起源

至今，世界公认的四大文明古国的发源地分别是两河流域、尼罗河流域、印度河流域和黄河流域，它们为人类文明的诞生奠定了坚实的物质基础。四大古文明的出现标志着人类从原始社会进入了有组织的社会阶段。在不同的文明发展历程中，建筑也呈现出明显的差异。

两河流域建筑起源

诞生于两河流域（两河指幼发拉底河和底格里斯河）的美索不达米亚文明是最早的人类文明之一。“美索不达米亚”是古希腊语，意为“两条河中间的地方”。

早在公元前 4000 年左右，美索不达米亚平原上就出现了定居的农业民族。到公元前 3500 年，苏美尔人从中亚经伊朗迁徙到此，建立了最早的奴隶制社会，并定都在乌鲁克城。

古时候的人类对神灵有着非同一般的信仰与幻想，因此很多古文明最初的建筑都是为了祭祀或供奉神灵而建造的。苏美尔人最重要、最具有代表性的建筑是“吉库拉塔”，意为“塔庙”，它是一种建在几层用生土夯筑而成的大台基上的阶梯形金字塔建筑，至今依旧有遗迹留存，即在伊拉克乌尔城保存下来的供奉月神南纳的庙宇——月神庙。

◆乌尔月神庙

由于两河流域南部是一片河沙冲积地，缺乏良好的、用于建造的木材和石材，因此苏美尔人把用黏土制成的砖坯作为主要的建筑材料。这也使得两河流域的古建筑大多棱角分明，方正肃穆。这种建筑形制反映了早期人类对崇高的审美追求，也反映了这一时期两河流域的苏美尔－阿卡德文明所达到的建筑艺术和技术水平。

公元前 18 世纪前半叶，古巴比伦王国的汉穆拉比王统一了两河流域，即以此为国都建筑了巴比伦城。位列世界四大文明古国之一的古巴比伦王国就此诞生。

古巴比伦最优秀的建筑是位列世界建筑七大奇迹之一的巴比伦空中花园，以此城为代表的建筑技术，是古巴比伦文明除了《汉谟拉比法典》之外的最引人注目的成就。

可惜的是，巴比伦空中花园早已湮灭在历史长河之中，人们只能根据考古发掘和文献记载来推测其构造和建造缘由。

巴比伦空中花园据传总周长达 500 多米，是由沥青和砖块建成的，采用立体造园手法，将花园放在四层平台之上。平台由 25 米高的柱子支撑，一层层向上堆砌，直达天空。

巴比伦空中花园中种植了许多来自异国他乡的奇花异草，并设有灌溉的水源和水管。为防止渗水，每层都铺上浸透柏油的柳条垫，垫上再铺两层砖，浇注一层铅，然后在其上面覆盖上肥沃的土壤，远看犹如花园悬在半空中。

◆巴比伦空中花园侧视复原图

◆巴比伦空中花园正视复原图

巴比伦空中花园是上古时代巴比伦人的卓越成就，代表了当时的人类在工程学上的惊人成就，也为后世人类留下了宝贵的精神遗产。

尼罗河流域建筑起源

尼罗河流域孕育出了古埃及文明，它是世界上最古老的文明之一，在建筑、雕刻、绘画和工艺美术等领域都有辉煌的成就。

距今 9000 多年前，人类在尼罗河河谷定居，开始在岸边建立房屋和村落，进行农业和畜牧业的生产活动。尼罗河流域富饶的自然资源为建筑建造提供了物质基础；繁盛的农耕发展提供了丰富的人力资源；不时泛滥的洪水推动了大规模的水利建设，衍生出的几何学与测量学又为之提供了技术保障，进而孕育出了众多古埃及建筑奇迹，尤其是巨型建筑。

古埃及建筑在艺术象征、空间设置和功能安排等方面有着深刻的文化印记和浓厚的宗教色彩，反映了古埃及独特的人文传统和奇异的精神理念。其建筑发展主要分为三个时期：古王国时期（约公元前 27 世纪 – 前 22 世纪）、中王国时期（约公元前 22 世纪中叶 – 前 16 世纪）和新王国时期（约公元前 16 世纪 – 前 11 世纪），各个时期的建筑分别以金字塔、石窟陵墓、神庙为代表。

其中最负盛名的当属世界七大奇迹之一的金字塔。金字塔是古埃及国王的陵寝，这些统治者在历史上被称为“法老”。现存的古埃及金字塔有百余座，最具代表性的是吉萨金字塔群。这是古埃及金字塔建造技艺走向成熟的代表，主要由胡夫金字塔、哈夫拉金字塔、孟卡拉金字塔和狮身人面像组成，周围还有许多“马斯塔巴”和小型金字塔。

◆吉萨金字塔群

印度河流域建筑起源

印度河流域孕育出了四大文明古国之一的古印度文明，而其源头可追溯到约公元前 3800 年前的哈拉帕文明。哈拉帕文明属于典型的大河农业文明，其建筑技艺主要体现在早熟且发达的城市文化中，其中又以鼎盛时期建造的哈拉帕和摩亨佐 – 达罗两座城市遗址最为知名。

摩亨佐 – 达罗城建成于约公元前 2600 年，建筑的主要材料为烧制砖，易于取材且耐久度高。城市被分为数个区域，包括一座位于高处的城堡和地势较低的城区。一条宽阔的大路自北向南纵贯城市，每隔几米就有一条东西走向的小街与之成直角相交，此外还有小巷组成的不规则的路网与小街相连。

城市的总体规划显示了高度的组织性和先进的技术，这些规划良好的道路、排水系统、精心设计的住宅和公共建筑在当时可谓建筑工程史上的一项伟大成就，因此摩亨佐 – 达罗城也被誉为“青铜时代的曼哈顿”。

◆摩亨佐 · 达罗城遗迹 1

◆摩亨佐 · 达罗城遗迹 2

公元前 2000 年左右，随着哈拉帕文明的衰落和雅利安人的入侵，印度进入了吠陀时代。随着雅利安人的到来和宗教的兴起，宗教建筑开始在古印度建筑中占据重要地位。当时的建筑还是以木结构为主，主要用于举行仪式和祭祀典礼。

在毛利雅帝国时期，古印度建筑发生了重大转变，开始广泛使用石头作为主要建筑材料。随着佛教的兴起和王室的兴盛，各种纪念碑、佛塔等宏伟建筑开始出现，如著名的阿育王狮子柱头、桑奇大塔等。

宗教建筑作为一种表达宗教信仰和文化价值的媒介，可以说为古印度后续时期的建筑发展奠定了基调。复杂的雕刻、雕像和绘画传达了古印度的宗教特点、历史事件和文化象征意义。

◆桑奇大塔

◆阿育王狮子柱头

黄河流域建筑起源

黄河流域孕育出了四大文明古国中唯一一个没有断代、传承最悠久的中华文明。有人将中华文明精确概况为：“超百万年的文化根系，上万年的文明起步，五千年的古国，两千年的中华一统实体。”

根据考古发现，早在百万年前的旧石器时代，中国地区就有了原始人类居住的痕迹。元谋人、北京人、山顶洞人等原始人类的化石和居住遗址为科学家追溯人类进化史提供了珍贵的资料，原始社会的发展也带动了建筑的发展。

新石器时期，穴居、半穴居的“土穴”建筑形式逐渐取代自然洞穴，成为我们祖先的居所，这标志着中国古代建筑具有“土”意义的最早萌芽。至今，这种建筑风格和凿洞而居的生活方式还广泛流传在黄土高原上。

◆黄土高原窑洞

◆黄土高原窑洞细节

公元前7000—前6000年，中国地区的原始人类逐渐由采集、狩猎转入农耕，并创造出了两种极具代表性的建筑风格。一种是长江流域多水地区由巢居发展而来的干栏式建筑，另一种是黄河流域由穴居发展而来的木骨泥墙房屋。

《韩非子·五蠹》记载：“上古之世，人民少而禽兽众，人民不胜禽兽虫蛇，有圣人作，构木为巢，以避群害。”早期人们搭建在树上的庇护所仿鸟巢而建，因此得名“巢居”。当时的原始干栏式建筑依靠榫卯与企口来连接木材，这也成为后来中国建筑最主要的结构特点之一，“构木为巢”的居住模式也奠定了中国古代建筑“木”及“木架构”的建筑基础。

干栏式建筑至今在我国仍有遗址留存，浙江余姚河姆渡村发现的建筑遗址距今约六七千年，是我国已知的最早采用榫卯技术构筑木结构房屋的实例。

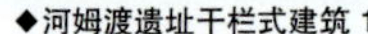

◆河姆渡遗址干栏式建筑 1

◆河姆渡遗址干栏式建筑 2

黄河流域的木骨泥墙房屋主要在黄河中游原始社会晚期的仰韶文化和龙山文化时期成型，其前身是原始穴居。

这一时期，人们形成了建筑选址和城邦建筑文化及观念，有了以家庭为单位的“家居”建筑，即双室相连的套间式半穴居，平面呈“吕”字形。在仰韶中期及某些仰韶晚期的遗址中，已经发现了人们使用白灰涂抹地面与墙面的痕迹，使建筑达到防潮、清洁和明亮的效果，但普遍采用白灰涂抹是在龙山时期。

公元前21世纪，夏朝的建立标志着我国奴隶社会的开始，我国古代建筑文化也在这一时期成型。住室屋顶形制开始出现，中国传统的院落式建筑群组合逐步走向定型。中国古代建筑“三段式”特征建筑型制基本确立，外形上分为屋顶、屋身和台基三部分，为以后高大的宫殿建筑和城垣建筑提供了客观条件。

河南偃师二里头遗址中的一号宫殿反映了我国早期封闭庭院（廊院）的面貌，也是至今发现的我国最早的规模较大的木架夯土建筑和庭院实例。

◆河南偃师二里头遗址一号宫殿复原图

战国时期，中国的社会形态开始向封建社会转变。到了这一时期，中国古代建筑体系已经完全形成，建筑技艺高度发展和成熟。同时，在各式宗教建筑、建筑装饰、设计和施工技术方面都体现出了鲜明的民族特色。其中，以中国历史上第一个统一的多民族中央集权制国家——秦国的阿房宫最能代表当时中国建筑技艺的水平。

阿房宫始建于秦始皇三十五年（公元前 212 年），与万里长城、秦始皇陵、秦直道并称为“秦始皇的四大工程”，被誉为“天下第一宫”。它是中国首次统一的标志性建筑，也是华夏民族开始形成的实物标识。1991 年，阿房宫遗址被联合国教科文组织确定为世界上最大的宫殿遗址，属于世界奇迹。

◆阿房宫遗址局部复原图

建筑艺术繁荣史

最初的建筑基本上是人类为了自保和居住而建造的。随着思想的发展和社会形态的变革，建筑逐渐从原有的单一用途衍生出了众多分支，并根据不同文明的特性展现出差异化的表现形式。但无一例外，它们都体现了人类对于美观、坚固、实用三位一体融合的建筑艺术的追求。

中世纪建筑流派百花齐放

中世纪的时间范围大致是从公元 5 世纪后期到公元 15 世纪中期，持续了近千年。它以西罗马帝国的灭亡为起始标志，以东罗马帝国的灭亡为结束标志。这是欧洲历史上的一个重要时期，标志着古典时代的结束和近现代的开始。

在这一时期，封建制度在西欧占据主导地位，政权割据，经济衰退，民不聊生。希望在苦难中得到救赎的人民推动了宗教的发展，其中尤以基督教为主。因此，中世纪的建筑艺术大多体现在各种教堂和封建统治者的居所上。

中世纪的建筑分为众多流派，包括罗马式建筑、哥特式建筑、拜占庭式建筑等，展现了中世纪欧洲建筑的多样性和丰富性。

罗马式建筑

罗马式建筑是在公元 10 世纪到 12 世纪欧洲基督教流行地区的一种建筑风格，也是自西罗马帝国灭亡之后第一种遍及欧洲的独特建筑风格。这种风格多见于修道院和教堂，因采用古罗马式的券、拱而得名，对后来的哥特式建筑影响很大。

◆比萨大教堂

◆阿尔勒圣托菲姆教堂

比萨大教堂和阿尔勒圣托菲姆教堂分别是意大利和法国罗马式教堂建筑的典型代表，它们具有线条简单明快、造型厚重敦实等典型特征。其中部分建筑具有封建城堡的外观，是教会权力的化身。

哥特式建筑

哥特式建筑是一种兴盛于中世纪文化发展高峰期到中世纪末期的建筑风格，主要见于天主教堂。它由罗马式建筑发展而来，为文艺复兴建筑所继承，以其高超的技术和艺术成就，在建筑史上占有重要地位。最明显的建筑风格就是高耸入云的尖顶及窗户上巨大的斑斓玻璃画。

第一座哥特式教堂是 1143 年在法国巴黎建成的圣德尼教堂。建造者采用尖券和肋拱来减轻拱顶的重量，这比半圆形的罗马式拱顶更稳固。此外，圣德尼教堂的窗户尺寸增大，并大规模采用彩色玻璃画，使得昏暗的罗马式教堂室内被宽敞、开放、充满各色光线的结构所取代。

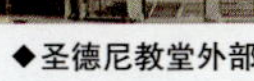
◆圣德尼教堂外部

◆圣德尼教堂内部

坐落于意大利米兰市中心的米兰大教堂也是哥特式建筑的代表作之一，同时还是世界上最大的哥特式教堂之一，为世界五大教堂之一。

◆米兰大教堂

拜占庭式建筑

拜占庭式建筑是诞生于东罗马帝国时期的一种建筑风格，它是在古罗马建筑文化的基础上发展起来的，具有鲜明的宗教色彩。其突出特点是十字架的横向与竖向长度差异较小，其交点上方为一大型圆穹顶。

◆圣索菲亚大教堂

圣索菲亚大教堂是拜占庭帝国（即东罗马帝国）的主教堂，位于土耳其伊斯坦布尔，因其巨大的圆穹顶而闻名于世，是拜占庭式建筑的代表作之一，也是拜占庭帝国极盛时期的纪念碑。

而在欧洲中世纪这千年时光里，同处于亚欧大陆上的中国也经历了南北朝、隋朝、唐朝、五代十国、宋朝、元朝和明朝初期等多个朝代。唐宋两代更是中国古代发展的鼎盛时期。在这些盛世之下，中国的古建筑艺术也达到了一个巅峰。

唐代建筑

唐代的建筑以宏伟、严谨和开朗著称，同时强调空间组合和建筑的立体感。尤其是宫殿建筑，屋顶坡度平缓，线条流畅，出檐深远，给人以雄浑大气之感。其布局既注重中轴线对称，又灵活多变，形成了一种独特的建筑美学。

大明宫是唐代建筑的重要代表，它是大唐帝国的大朝正宫、唐朝的政治中心和国家象征，也是唐帝国最宏伟壮丽的宫殿建筑群，同时还是当时世界上面积最大的宫殿建筑群之一。

◆大明宫

宋代建筑

宋朝的建筑师、木匠、技工、工程师在继承前朝精华的基础上，进一步发展了斗拱体系、建筑构造与造型技术，达到了很高的水平。建筑物的类型多样，其中杰出的建筑包括佛塔、石桥、木桥、园林、皇陵与宫殿。

不同于雄浑大气的唐代建筑，宋代建筑更加柔和婉约，追求将自然美与人工美融为一体的意境。屋脊、屋角的檐部大多向上翘起，形如飞鸟展翅，被称为飞檐，这也是中国建筑民族风格的重要表现之一。

正定隆兴寺就是一座典型的南北纵深、规模宏大、气势磅礴的宋代建筑群，其建筑结构和建筑装饰具有很高的艺术价值。被中国古建筑专家梁思成誉为世界古建筑孤例的宋代建筑摩尼殿，寺中的倒座观音像也被鲁迅誉为“东方美神”。

◆隆兴寺

文艺复兴建筑鼎盛发展

文艺复兴发生在14世纪到16世纪，是西欧近代三大思想解放运动（文艺复兴、宗教改革与启蒙运动）之一，它揭开了近代欧洲历史的序幕，被认为是中古时代和近现代的分界线。

在文艺复兴时期，欧洲的建筑艺术在以往的基础上得到了长足发展。当时盛行的建筑流派主要有文艺复兴建筑、巴洛克式建筑、洛可可式建筑等。当然，中世纪就已经出现的哥特式建筑、罗马式建筑、拜占庭式建筑等依然存在，只是没有那么具有代表性。

文艺复兴建筑

文艺复兴建筑是对哥特式建筑所代表的神权的反抗和排斥，在理论上以文艺复兴思潮为基础，在造型上提倡重新采用古希腊罗马时期的柱式构图要素，特别是古典柱式比例、半圆形拱券，以及以穹顶为中心的建筑形体等。

著名实例之一是佛罗伦萨大教堂的中央穹顶，它被认为是意大利文艺复兴建筑的第一个作品，标志着意大利文艺复兴建筑史的开始。其设计和建造过程、技术成就和艺术特色都体现了文艺复兴时期的人文理念和进取精神。

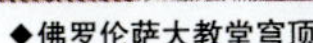

◆佛罗伦萨大教堂穹顶

◆佛罗伦萨大教堂穹顶内部壁画

巴洛克式建筑

巴洛克建筑是 17 世纪到 18 世纪在意大利文艺复兴建筑的基础上发展起来的一种建筑和装饰风格。

从语源学上讲，“Baroque”（巴洛克）一词意为杂乱、奇异、不规则。因此，巴洛克式建筑的突出特点就是外形自由、动感，着重于色彩、光影、雕塑性，常用穿插的曲面和椭圆形空间来表现自由的思想和营造神秘的气氛，彰显国家与教会专制主义的丰功伟业。

巴洛克式建筑的典型实例有罗马的圣卡罗教堂，其殿堂墙面凹凸程度很大，呈波浪形，中间隆起。椭圆形的圆盘和变形的窗、壁龛增加了动感，创意性的菱形类钻石内部空间结构和天花板装饰极富戏剧性，具有强烈的光影效果。

◆圣卡罗教堂外部

◆圣卡罗教堂内部

洛可可式建筑

18 世纪 20 年代诞生于法国的洛可可风格，是在巴洛克建筑基础上发展起来的一种室内装饰艺术，反映了法国路易十五时代宫廷贵族的奢靡生活。洛可可风格追求纤巧、精美、浮华、烦琐，常用大镜面作装饰，大量运用花环、花束、弓箭、贝壳等图案纹样，多采用金色和象牙白，色彩明快、柔和、清淡，同时显得豪华富丽。

◆洛可可式建筑风格 1

◆洛可可式建筑风格 2

文艺复兴发生在 14 世纪到 16 世纪，这一时期的中国是明朝和清朝初期。在建筑方面，明清时期达到了中国传统建筑的最后一个高峰，同时这也是中国古代建筑体系的最后一个发展阶段，建筑普遍具有形体简练、严谨沉稳的特点。

这一时期的官式建筑已完全定型化、标准化，突出梁、柱、檩的直接结合，减少了斗拱的应用，大大简化了建筑结构。至今，明清时期的宫殿——北京故宫、沈阳故宫仍保留完整，成为中华文化的无价之宝。

◆北京故宫

民居方面，由于城市数量迅速增加，都市结构也趋于复杂，不同地区的建筑风格大相径庭。但其中最突出的还是园林艺术，明代的江南私家园林和清代的北方皇家园林都是最具艺术性的古代建筑群。

◆江南园林

◆颐和园

工业化建筑艺术兼并实用

工业化的建筑艺术成型于 18 世纪 60 年代起在世界范围内进行的一系列生产与科技革命时期，也就是人们常说的工业革命。工业革命是人类发展史上的一个重要阶段，它创造了巨大的生产力，使社会面貌发生了翻天覆地的变化，实现了人类从传统农业社会转向现代工业社会的重要变革。

在建筑方面，原有的复古主义建筑设计思想受到工业革命带来的新建筑材料和新结构的冲击，逐渐孕育出了建筑新风格。玻璃、钢铁、混凝土等新材料在相当长的一段时间内成了建筑风格向现代化转型的标志。

法国巴黎的著名地标埃菲尔铁塔就出现在这一时期，它由钢铁构建，呈四方棱锥形，高约 320 米，重达 9000 吨。塔身上有镂空设计，增强了其结构稳定性和美观度，同时也凸显出明显不同于古典建筑艺术的粗犷与冰冷，展现了 19 世纪末工业革命时期的建筑工艺和创新，是近代工业革命时期建筑艺术的重要象征。

◆埃菲尔铁塔全景

◆埃菲尔铁塔仰视图

工业革命时期的建筑师除了将当时的新型建筑材料和新技术运用到工业建筑上之外，还通过对新旧艺术的融合和创新，改变了人们对建筑传统美学的看法。

随着建筑材料、建筑构造、建筑结构和建筑技术科学的工业化发展，以及科技创新为生活带来的改变，人们逐渐倾向于建造和欣赏实用性与美观度并存的建筑。工业建筑更能反映建筑空间的真实性，表现出功能的实用性、建筑的安全性和建筑艺术的简约性，同时消除了大量装饰元素。

比如在 1907 年由建筑师贝伦斯设计的德国通用电气公司透平机车间，就明显摒弃了古典主义设计手法的束缚。车间屋顶由钢三铰拱构成，为开阔的大空间创造了条件，端部又带有纪念性建筑的古典庄重气派。简洁的玻璃窗和反映内部真实空间特点的拱形屋顶山墙形象，使其被后人称为第一座真正的现代建筑，具有划时代的意义。

◆德国通用电气公司透平机车间外部

◆车间内部

现代建筑艺术多样包容

到了现代，房屋建造量急剧增长，建筑类型不断增多，工厂、仓库、住宅、铁路建筑、办公建筑、商业服务建筑等以生产性和实用性为主的建筑逐渐占据主要地位，社会形态的变革也使得古时候具有重要建筑艺术代表性的帝王宫殿、坛庙、陵墓、宗教场所等建筑退居次位。

与此同时，不同国家与地区经过千百年甚至上万年的文化积累，已经衍生出大量具有鲜明地域特色的建筑流派。但它们并不完全独立，而是随着国际文化交流而不断碰撞、借鉴、融合，构筑出了现代建筑艺术的崭新图景。

与旧时代一样，新时代的建筑艺术同样存在多种具有代表性的流派，比如现代主义、构成主义、未来派、功能主义、有机建筑、粗野主义、典雅主义、象征主义、解构主义、新古典主义、高技派、新陈代谢派、密斯风格、国际式……风格多样，反映了 20 世纪和 21 世纪初建筑的创新和包容性。

现代主义建筑

现代主义建筑是指20世纪中叶在西方建筑界居主导地位的一种建筑思想，它主张摆脱传统建筑形式的束缚，大胆创造了适应于工业化社会环境的崭新建筑。现代主义建筑强调发挥新材料、新结构的性能特点，同时满足人们对现实主义和功能主义的要求，具有鲜明的理性主义和激进主义色彩。

世界建筑大师勒·柯布西耶曾提出现代主义建筑的五大特点：①建筑底层用独立支柱架空；②屋顶花园；③自由的平面布局；④横向长窗；⑤自由的立面设计。这些特点在被誉为现代主义摇篮的格罗皮乌斯的包豪斯校舍中有鲜明的体现。

◆包豪斯校舍

◆包豪斯建筑群

构成主义建筑

构成主义思潮起源于20世纪初的苏联，发起人为先锋艺术家及建筑师弗拉基米尔·塔特林。构成主义是现代艺术自律性的对立面，它提倡艺术的实用价值和社会功能，采用抽象形式展现其理念和思想，但并不强调艺术的纯粹性和精神性，而是以服务生活的实用性为导向。

构成主义建筑追求机械美学，欣赏工业化的美感，以线条和几何形状为主要表现手法，注重空间和结构的规律性。同时，因为多样化的几何形状的重组，构成主义建筑往往具有戏剧性的张力，由内向外散发出强烈的情感。

构成主义建筑的代表作有弗拉基米尔·塔特林设计的第三国际纪念碑、康斯坦丁·梅尔尼科夫设计的鲁萨科夫工人俱乐部等。

◆鲁萨科夫工人俱乐部

◆第三国际纪念碑

新古典主义建筑

新古典主义建筑其实是一种经过改良的古典主义风格建筑，它始于 18 世纪中叶的新古典主义运动。这种风格遵循唯理主义观点，追求建造适合现代化社会、功能性强且外形优美、典雅、庄重、和谐的建筑。

新古典主义建筑往往提倡复兴古希腊和古罗马的建筑艺术装饰，崇尚理想美，构图规整，追求雄伟与严谨。有些建筑倾向于将古典元素抽象化为符号，作为建筑装饰；而有些建筑则更喜欢运用艳丽而丰富的色彩，制造粗与细、雅与俗的对比。新古典主义建筑代表作有英国的白金汉宫、巴黎的万神殿等。

◆英国白金汉宫

◆巴黎万神殿

有机建筑

有机建筑是指从自然界及其多种多样生物形式与过程的生命力中汲取灵感，崇尚自然并希望赋予建筑生命的一种独特的建筑艺术。有机建筑的思想核心与老子提倡的“道法自然”十分相近，追求依照大自然所启示的道理行事，而不是单纯模仿自然。

有机建筑理论认为自然的建筑就是适应其环境的建筑，是环境的一部分，应使环境增色而不是破坏环境。同时，建筑本身也应当是一个不可分割的有机整体，具有多元、特殊、矛盾和善变的特征，外观常采用自由流畅的曲线造型来展现建筑的活力与生命力。有机建筑代表作有美国著名建筑师赖特设计的流水别墅、古根海姆博物馆等。

◆流水别墅

◆古根海姆博物馆

如何欣赏一座建筑

欣赏建筑不仅仅是观察它的外形，一座建筑与周围环境的融合度、其内部空间的构造与过渡、光影效果等，都蕴含着建造者希望观赏者能够体会到的艺术美感。

建筑与周围环境的联系

建筑与周围环境的联系是很多设计师在初始考察时就会考虑的要素，这关系到建筑风格与周围环境是否统一，从而在视觉和观赏效果上达到和谐；或者让新颖、独特的建筑独立于环境之外，表现出一种反叛精神或达到引人注目的效果。不同的设计师、不同的建筑流派对此都有自己的见解。

例如，有机建筑就是一种非常典型的融入环境、让建筑与自然和谐共生的建筑风格，建筑的造型、色彩、立面、风格都应与自然景观相互呼应。在欣赏这类建筑时，人们会自然地将其与周围环境结合起来观赏，并从中感受到一种统一的意境，体会设计师想要传达的尊重自然、文化和艺术的观念。

◆西塔里埃森建筑事务所

而有些建筑风格恰好相反，它们希望通过大胆或奇思妙想的设计来突出其存在感，吸引大众注意力。其中具有代表性的就是高技派建筑。

高技派建筑是现代建筑流派中的一支，亦称“重技派”。其特点是建筑外观突出当代工业技术的成就，并在建筑形体和室内环境设计中加以强调，暴露梁板、网架等结构构件以及风管、线缆等各种设备和管道，崇尚“机械美”“工业美”，给人以现代、冰冷、科技的感觉。

在工业厂区，这些高技派建筑尚能称得上融入环境。但正是为了宣扬这种以极富个性的视角重新诠释现代文明的精神，许多机械感极强、外形粗犷冰冷的高技派建筑常常突兀地出现在城市之中，显得格格不入而又十分具有创新精神，让观赏者眼前一亮。

◆乔治·蓬皮杜文化艺术中心全局图

◆乔治·蓬皮杜文化艺术中心仰视图

在法国首都巴黎的拉丁区北侧、塞纳河右岸的博堡大街上，矗立着一座极其叛逆、大胆、颠覆巴黎传统建筑风格的现代艺术博物馆——乔治·蓬皮杜文化艺术中心。由于其外形和风格过于突兀，与周围的古典主义建筑格格不入，引发了很多市民的反对和争议，被称为“市中心的炼油厂”。

但即便不符合许多人的传统审美，乔治·蓬皮杜文化艺术中心在国际上依然享有盛名，同时也是高技派建筑的典型代表，每年都会吸引大量游客前来参观。可见这种艺术表现形式依旧有不少人欣赏，并体会到设计师想要传达的对现代生活急速变化的认识和思考。

除此之外，许多城市的地标建筑也与周围环境有着复杂的联系。它们既需要设计得符合大众审美，能够与周围环境和谐共生，又需要突出自己的地标身份，因此往往会体现出一种矛盾的统一。

许多著名的地标性建筑都将这种矛盾化解得很好，比如矗立在法国巴黎战神广场上的埃菲尔铁塔。在浪漫与古典并存的塞纳河畔建立的钢铁巨兽，以一己之力拔高了巴黎的天际线，非但没有破坏周围环境的美感，反而一度与巴黎的文化一起成为爱情的象征。

建筑外观传递出的信息

建筑的外观往往决定观赏者对其的第一印象，多数建筑流派也都能通过外观来判断和区分。无论是古典主义还是现代主义，是解构主义还是功能主义，人们基本上都能从建筑的外表得到答案。

建筑物的颜色、形状、结构、比例、韵律、轮廓、体积等要素中都包含着丰富的信息，也体现出了设计者的理念。如果观赏者能很好地领会到其中的含义，对建筑的理解和鉴赏能力可能会更上一层楼。

从视觉美感上来说，建筑物的色彩表现、造型结构和质感表现更容易给观赏者留下深刻印象。

色彩表现

著名建筑师柯布西耶曾提出过有关建筑色彩的三个观点。

①色彩可以改变空间。

②色彩可以将物体分类。

③色彩会作用于人的心理，也会对人的感觉予以回应。

不同的色彩具有不同的含义，创新、大胆地应用色彩，利用颜色与情绪的共鸣来吸引观赏者的注意力，是设计师对建筑的独特诠释与自由表达。成功的色彩设计可以成为一座建筑的灵魂，让人难以忘怀。

◆圣巴索大教堂

◆西班牙红墙住宅 La Muralla Roja

造型结构

建筑的造型和结构非常考验设计师的审美和能力，对于观赏者来说，它们也是最有看点的建筑要素之一。

设计师通过对体量的衔接、构件的组合、虚实与凹凸的处理、外轮廓线的处理等，可以使建筑形体和谐且有韵律，既有变化又整体统一。建筑外立面设计的造型手法，如悬挑、架空、划分、构架、随机等，在恰当的位置运用时，有时候能够达到出乎意料的观赏效果。

◆加拿大 67 号栖息地

◆波兰索波特弯曲屋

质感表现

质感通常是指人对材料表面纹理所形成的一种触觉和视觉的感知，它往往是通过建筑物表面的各种质地展现出来的，体现出了建筑材料自身的特性。

砖石、混凝土、玻璃、原木、钢铁、油漆等建筑材料都具有不同的质感，应用在建筑外观上自然也会有不同的表现效果。比如玻璃表达通透，砖石表达沉稳，原木表达柔和，钢铁表达严肃……设计师通过对不同建筑材料特性的合理利用，充分展现出建筑的艺术性。

◆中国国家大剧院

内部空间构造与过渡

空间是由长度、宽度、高度表现出来的三维概念，建筑内部空间的构造与过渡，会在很大程度上影响观赏者的感受。宽阔、开放的空间可能会让人感到舒畅、放松，也可能会让人产生孤寂、冷清的感受；而逼仄、狭窄的空间可能会让人感到压抑、低沉，但也可能会让人产生安全、温馨的心理感受。

对于空间之间的分隔与联系、对比与变化、衔接与过渡、重复与节奏、引导与暗示、渗透与层次、序列与秩序等设计元素，不同的空间构造、光影效果、过渡方式，产生的效果都有很大的不同。人们在进入建筑内部后往往会无意识地受到各种细节的调动，进而产生不同的情绪变化。

关于空间的设计方法有很多，比如借景手法、透景手法、错位手法、延伸手法、切断手法、分割手法、凹凸手法、高差手法、裁剪手法等。设计师们既可以保持风格统一，将单一手法多次应用，也可以进行多样化调整，使得建筑内部风格多变，让观赏者每进入一个新的空间都有新的惊喜和新的感受。

借景、透景手法

借景、透景手法都源自中国园林景观设计，主要用于扩展建筑内部的空间，增加景观的深度与广度，将房屋外的景色引入到房屋内，使得内部的景色更加丰富和多样化。

明代计成在《园冶》中提到：“构园无格，借景有因。”一座建筑的面积和空间是有限的，借景能够将各种在形、色、声、香上能增添艺术情趣、丰富画面构图的外界因素引入到建筑内部空间中，使空间中的景色更具有特色。

透景则可以通过运用开辟窗口、洞口等手法，在有限的室内景观中营造出一种开阔感和深度感，它是园林建筑常用的构景手段之一。

◆借景手法

◆透景手法

错位、凹凸手法

错位意味着将事物原有的状态打破并重新组织成新的形象，事物之间相互错位、相互联系、相互贯穿，一个形强加到另一个形上，所带来的矛盾能吸引人的注意力。在空间处理时，合理地运用错位手法，可以体现空间中的对比状态，产生出其不意的效果，给人以思维和视觉上的冲击。

凹凸手法常常与错位手法配合使用，通过空间形态的凹凸、材质的凹凸、高差的凹凸等方法，不仅充分利用空间，也让空间更具有立体感。

◆错位手法

◆凹凸手法

分割手法

建筑空间的分割手法是指对建筑空间进行划分、分隔、界定以及区分的方式，包括功能分割、材料分割、色彩分割、结构分割、视觉分割、空间流线分割等。

分割手法自古以来就存在于建筑的空间构造中，其中最有名的当属黄金分割。黄金分割具有严格的比例性、艺术性、和谐性，蕴含着丰富的美学价值。最早应用黄金分割的建筑物是古希腊的帕特农神庙。

◆帕特农神庙

建筑发挥的作用

不同的建筑物所能发挥的作用是不同的，根据人们的需求，建筑按使用功能可分为居住建筑、公共建筑、工业建筑、农业建筑等。

其中，公共建筑是最多样化的一类，指的是供人们进行各种公共活动的场所。这包括教育建筑、办公建筑、科研建筑、商业建筑、金融建筑、文娱建筑、医疗建筑、体育建筑、交通建筑、民政建筑、司法建筑、宗教建筑、通信建筑、园林建筑、纪念性建筑等。

不同功能的建筑，其外形和内部构造因为需要区分或是符合使用要求，可能会被设计成各种具有辨识度的造型，让人们一眼就能看出其用途和类型。当然，也有些建筑会特立独行，比如纽约中央火车站，明明是一个车站，却设计得如同古典博物馆一般，这也不失为一个有趣的看点。

◆上海中心大厦

◆纽约中央火车站

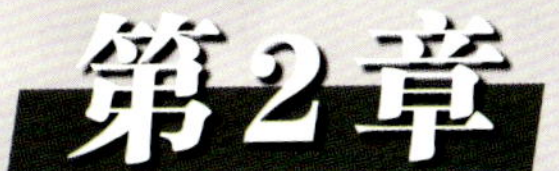

第2章

欧洲建筑

欧洲是一个多国家、多民族的大陆，从数千年前的古希腊、古罗马帝国发展至今，欧洲建筑经历了无数冲刷和洗礼，呈现出古典与现代并存，精巧与粗犷同在的格局，在世界建筑史上占据了重要地位。

法国著名建筑

法国建筑艺术的发展对整个欧洲建筑史有着不可磨灭的重要推动作用。法国不仅是哥特式建筑的发源地，同时也是古典主义建筑艺术繁荣兴盛的重要地区。在法国流行的建筑流派众多，其中最具代表性的有哥特式风格、古堡风格、古典主义风格、法式巴洛克风格、洛可可风格、折衷主义风格、法国殖民风格等。

哥特式风格最早起源于 12 世纪的法国。哥特是英语单词 Goth 的音译，哥特式（Gothic）一词即源自该词，原指代参与覆灭罗马奴隶制的日耳曼蛮族之一的哥特人。15 世纪的文艺复兴运动反对封建神权，提倡复兴古罗马文化，便把当时采用了尖券、尖拱和飞扶壁等形式的建筑风格称为“哥特”，以表示对宗教神权的否定。不过，还有另外一种说法，Gothic 源于德语 Gott，意为上帝，因此哥特式建筑也可以理解为“接近上帝的建筑”，这与哥特式风格常见于宗教场所的情形吻合。

法国的古堡风格源自中世纪，在欧洲大陆长期纷争、遍地割据的时期，城堡是保护人们生命、财产的重要屏障。随着战争的逐渐消退，城堡失去了其防御职能，开始转向以艺术、生活为发展目标，并体现出贵族精美、奢华的享乐主义倾向。

◆古典主义建筑 – 凡尔赛宫

古典主义风格最早起源于古希腊，一直以来都在欧洲大陆上占有重要地位。15 世纪末，法国社会已经产生了明显的阶级分化趋势，随着资本主义的萌芽出现，王权统一全国，宗教神权被打压，哥特式教堂的发展被迫停滞，法国建筑开始向古典主义风格转变。16 世纪初，随着王权逐渐加强，宫廷古典建筑占据主导地位。在 17 世纪下半叶路易十四的专制王权统治下，古典主义建筑进入了极盛时期，留下了大量至今都保存完整的华美古典建筑。

17 世纪末到 18 世纪初，随着路易十五时代的开启，法国专制政体的危机逐渐显现，国家财政赤字严重，宫廷和贵族集团却极尽奢靡。这一时期，精致华丽的巴洛克建筑和洛可可建筑应运而生。

折衷主义风格是 19 世纪上半叶至 20 世纪初流行的，根据需要来模仿，甚至将各不同历史时期的重要建筑风格结合于一体的建筑风格，以法国最典型，巴黎高等艺术学院是当时传播折衷主义风格艺术和建筑的中心。

◆哥特式建筑 – 巴黎圣母院

◆城堡风格 – 香波城堡

巴黎圣母院

法国

巴黎圣母院，又名巴黎圣母主教座堂、巴黎圣母院大教堂，位于法兰西共和国首都巴黎市中心城区的塞纳河中央的西堤岛上，与巴黎市政厅和卢浮宫隔河相望。它是世界上第一座完全意义上的哥特式教堂，也是法国最具代表性的文物古迹和世界文化遗产之一，堪称欧洲文学文化的地标性建筑。

巴黎圣母院始建于 1163 年，由罗马教皇亚历山大三世（Pope Alexander III）主持巴黎圣母院大教堂的正式开工仪式，莫里斯·德萨利主教为之奠基。直到 1345 年，巴黎圣母院大教堂才正式竣工。在后续数百年时光中，教堂经历了断断续续的改造与重修、战火与掠夺，甚至在2019年被一场大火损毁，再次修复后形成了如今的模样。

巴黎圣母院平面为长形马蹄哥特式拉丁十字形制，总长约127米，总宽约48米，总高达 96 米，总建筑面积达 5500 平方米，总占地面积达 6000 平方米，主要建筑包括前院、西立面、北立面、圣埃蒂安门、圣母玛利亚门和最后的审判门，内部

有 29 座小教堂围绕，又称“辐射小教堂”，其中的雕刻艺术、绘画艺术以及教堂内珍藏的大量艺术珍品具有极高的历史文化价值。

巴黎圣母院除了进行宗教活动之外，不少皇室也会征用其举行加冕、婚礼等重要典礼。比较著名的如 1431 年，英法百年战争结束时，英国国王亨利六世在巴黎圣母院加冕为法国国王；1804 年，教皇庇护七世授予法兰西第一帝国皇帝拿破仑·波拿巴圣礼，并在巴黎圣母院为他加冕。巴黎圣母院可谓见证了欧洲统治者的兴衰与更替。

除了巴黎圣母院本身具有的历史价值与艺术价值外，法国文学家维克多·雨果在 1831 年创作的反宗教、反王权的同名长篇小说《巴黎圣母院》也为其盛名增色不少。

巴黎圣母院 

外文名称：

Cathédrale Notre Dame de Paris

建造年代：1163年

高度：96米

位置：法国巴黎塞纳河中央的西堤岛上

亚眠大教堂

法国

亚眠大教堂坐落于法国索姆省亚眠市的索姆河畔，从 1220 年起一次性建成，工程没有中断，集中汲取了近一个世纪的先进建筑技术，是当时最高、最长、最大的哥特式教堂，也是公元 13 世纪晚期法国教堂的代表作之一。其宏大的气势、精致的装饰以及合理的布局等，都可被视为当时法国宗教建筑的最高水平。

亚眠大教堂内部由三座殿堂、一个十字厅（长 133.5 米、宽 65.25 米、高 44.5 米）和一座有七个小礼拜堂的环形后殿组成。教堂正面高处装饰有直径 11 米的巨型火焰纹玻璃圆窗，入口大门上方两层连拱相叠，两侧塔楼分别高 67 米和 62 米，总面积达 7760 平方米。

高大的殿堂、直耸的石柱和优美的穹顶，巧妙搭配构成了完美严谨的几何图形，直耸云霄的高超建筑技术也深刻地表达了建造者们的虔诚信仰。

在建筑结构上，亚眠大教堂的外观为尖形的哥特式结构，尖形肋骨交叉拱代替了罗马风时期的半圆形拱券，柱墩为束柱样式。在内部装饰上，教堂内遍布 12 米高的彩

色玻璃窗和花色窗棂，几乎看不到墙面，采光极佳，空间透亮，可以说是哥特式教堂彩色玻璃窗的典范。

教堂的墙壁上雕饰有基督教先知、信徒和法国历代国王的画像，以及著名的宗教题材雕像，如被称为“亚眠圣经”的一组雕像——正门上的《最后的审判》，北门上的《殉道者》，南门上的《圣母生平》等，至今保存完好，被称为“石头上的百科全书”，同时本身也是雕刻中的精品。

1981 年，根据文化遗产遴选标准 C（i）和 C（ii），亚眠大教堂被认为是哥特式建筑中的杰作，对后来哥特式建筑的发展产生了重要影响，被联合国教科文组织世界遗产委员会批准作为文化遗产列入《世界遗产名录》。亚眠大教堂是为数不多的被列入联合国教科文组织《世界遗产名录》中的法国大教堂（巴黎圣母院也在列），可见其艺术历史价值之高。

亚眠大教堂 

外文名称：Amiens Cathedral
建造年代：1220年
高度：44.5米
位置：法国索姆省亚眠市的索姆河畔上

埃菲尔铁塔

法国

埃菲尔铁塔矗立在法国巴黎的战神广场上，毗邻塞纳河，是法国巴黎当之无愧的地标性建筑物。1886 年，法国为了在 1889 年举行世界博览会，以庆祝法国大革命胜利 100 周年，于是面向全球进行世博会建筑招标：在巴黎战神广场上设计一座高塔。最终，古斯塔夫·埃菲尔团队的设计方案被选中。

1887 年 1 月 26 日，工程启动，历时两年，以设计师的名字命名的埃菲尔铁塔于 1889 年 3 月 31 日竣工，以其 312 米的高度成为当时世界最高建筑。后来，铁塔顶部加装了天线等一系列设施，现高度达 330 米。

埃菲尔铁塔的造型直观而简洁，包括底部广场、一层平台、二层平台以及顶层重建的设计师古斯塔夫·埃菲尔的办公室。铁塔总重量为 10 100 吨，所有立柱和方尖塔都采用 X 形抗风斜撑组成的网络桁架作为结构，从底部广场到顶层平台的角立柱的微小曲率使得塔身直冲云霄，气势宏伟。

埃菲尔铁塔

外文名称：La Tour Eiffel
建造年代：1887年–1889年
高度：330米
位置：法国巴黎战神广场

凡尔赛宫

法国

凡尔赛宫位于法国巴黎西南郊外的伊夫林省省会凡尔赛镇，是法国最著名的大型宫殿建筑群，也是世界五大宫殿之一。其他四大宫殿分别是中国故宫、英国白金汉宫、美国白宫和俄罗斯克里姆林宫。

1624 年，当时的法国国王路易十三买下了凡尔赛宫所在地区的 117 法亩荒地，在森林、荒地和沼泽上修建了一座两层的红砖楼房，用作狩猎行宫。1664 年，国王路易十四决定从卢浮宫和圣日耳曼昂莱宫迁居凡尔赛，重新确定皇家行宫，于是在路易十三当初修建的狩猎行宫的基础上进行扩建。

1688 年，凡尔赛宫主体部分建筑工程完工。1710 年，整个凡尔赛宫殿和花园的建设全部完成，周围环绕着许多公园、花园、森林和湖泊。华美而恢弘的古典建筑风格与秀丽宁静的自然风光相映成趣，使得凡尔赛宫成为法国乃至欧洲的贵族活动中心、艺术中心和文化时尚的发源地。

凡尔赛宫占地面积约 110 000 平方米，由正宫、大花园、大运河、三条放射形大道、大特里亚农宫、马尔利宫、小特里亚农宫和瑞士农庄等部分组成。中间的正殿是凡尔赛宫的主要部分，包括前殿、国王套房、审判室和会议室等，呈东西走向，两端与南宫和北宫相接，形成对称的几何图案。

宫殿整体建筑风格主要是古典主义，部分建筑带有巴洛克和新古典主义风格。内部陈设和装潢主要采用巴洛克风格，少数大厅则采用洛可可风格。宫殿内遍布华丽壁画、精美雕刻、巨幅油画、织造繁复的挂毯以及造型典雅精致、工艺精湛的家具，同时还陈列着来自世界各地的珍贵艺术品，金碧辉煌，豪华非凡，整体富有艺术魅力。

凡尔赛宫 

外文名称：Chateau de Versailles
建造年代：1661年
高度：13米
位置：法国巴黎伊夫林省凡尔赛镇

枫丹白露宫

法国

枫丹白露宫是法国最大的王宫之一，坐落在法国北部法兰西岛地区最大的市镇——枫丹白露镇上。枫丹白露镇地区有着上万公顷的森林，生长着橡树、柏树、白桦、山毛榉等树木，过去是王室打猎、野餐和娱乐的场所。

枫丹白露（Fontainebleau）得名于一个泉水清澈碧透的八角形小泉，意为“蓝色美泉”。1137 年，法国国王路易六世在泉边修建了一座宏伟的、供打猎时休息用的城堡，也就是后来著名的枫丹白露宫，它以文艺复兴和法国传统交融的建筑式样及苍绿一片的森林而闻名于世。

枫丹白露宫占地面积 0.84 平方公里，由众多意大利艺术家与设计师共同建造，后又被拿破仑改建为文艺复兴建筑式样。建筑群由一座封建古堡主塔、六朝国王修建的宫殿、五个不同形状的院落和四座各具特色的园林组成。宫内主要有舞厅、会议厅、狄安娜壁画长廊、瓷器廊、王后沙龙、国王卫队厅、王后卧室和教皇公寓、国王办公室、弗朗索瓦一世长廊等。

其中最引人关注的是由拿破仑三世时期的欧仁妮皇后主持建造，陈列着上万件中国历代的古画、金玉首饰、瓷器、牙雕、香炉、编钟、玉雕、景泰蓝、佛塔等艺术珍品的中国馆，该馆可以说是圆明园在西方的再现。

从历史意义上来看，枫丹白露宫及其公园是四个世纪以来法国的主要王室住宅，与法国历史上具有特殊普遍重要性的事件有关，弗朗索瓦一世、亨利二世、亨利四世、路易十四、路易十五、路易十六以及拿破仑等法国国王都曾在此居住过。从建筑艺术上来看，枫丹白露宫是法国古典建筑的杰作之一，其建筑和装饰强烈地影响了法国乃至欧洲建筑艺术的演变。

枫丹白露宫

外文名称：Fontainebleau Palace
建造年代：1137年
占地面积：84万平方米
位置：法国赛纳–马恩省枫丹白露镇

兰斯大教堂

法国

兰斯大教堂，也称兰斯圣母大教堂，位于法国东北部香槟－阿登大区的马恩省兰斯市，建于13世纪，以形体匀称、装饰纤巧而著称，是法国最重要也是最美丽的哥特式教堂之一，就连巴黎圣母院也是仿其建造而成。

兰斯大教堂的盛名不仅是因为其艺术价值，还因为其在法国历史上举足轻重的地位。这里曾经是法国第一位国王克洛维（Clovis）接受洗礼的地方。在数百年的法兰西王国时期，国王的加冕仪式几乎都在兰斯大教堂举行，因此该教堂曾被称为“最高贵的皇家教堂”，一度是证明法国王室合法权力的圣地，兰斯城也因此被誉为“加冕之城”。

兰斯大教堂与巴黎圣母院同属哥特式教堂建筑，但其雄浑的建筑形态和规模都在巴黎圣母院之上。教堂内外布满了以圣经故事为主题的雕塑，共有雕塑2302尊。这些雕塑一直到13世纪末才完成，是哥特式建筑鼎盛时期的杰作。

兰斯大教堂内部长 138.5 米，高 38 米，修长的束柱显得巍峨壮观，高旷深邃。教堂正面采用三段式构造，左右对称地矗立着两座尖塔，高度达 82 米，体现出一种几何对称的美。正面三座拱门上，门洞斜面上一层层的尖券布满了雕塑，展现了耶稣诞生前后的故事。

兰斯大教堂中的圣母礼拜堂里，有一尊背后竖有军旗的圣女贞德塑像。在英法百年战争中，圣女贞德带领法军解除了英军对奥尔良的围困，她在法国人民心中具有崇高地位，每年教堂都会举行对她的纪念仪式。

教堂周围是法国国王加冕前后居住、召见大臣的居所——塔乌宫，以及守护着加冕用圣油瓶的原圣勒弥修道院。1991 年，根据文化遗产遴选标准（i）、（ii）、（iv），兰斯大教堂、原圣勒弥修道院和塔乌宫作为文化遗产被列入《世界遗产名录》。

兰斯大教堂 

外文名称：Reims Cathedral

建造年代：1211年

高度：82米

位置：法国香槟-阿登大区马恩省兰斯城

巴黎凯旋门

法国

巴黎凯旋门位于法国巴黎中心城区的香榭丽舍大街戴高乐星形广场环岛中央，顾名思义，是一座迎接外出征战军队凯旋的大门。

为纪念1805年打败俄奥联军的胜利，法兰西第一帝国皇帝拿破仑于1806年下令修建“一道伟大的雕塑”，以象征拿破仑军队的战无不胜和坚不可摧。但后来拿破仑被推翻后，巴黎凯旋门工程被迫中止，直到1825年才得以继续。

1836年7月30日，巴黎凯旋门终于举行了落成典礼。百余年时光过去，巴黎凯旋门已经成为现今法国国家象征之一、法国四大代表性建筑（其他三座为埃菲尔铁塔、卢浮宫、巴黎圣母院）之一、巴黎市地标性纪念碑。

巴黎凯旋门是欧洲100多座凯旋门中最大的一座，它以罗马帝国雄伟庄严的建筑为灵感和样板，同时因为受到拿破仑时期帝国主义风格的影响，规模更加宏大，结构风格更简洁，是帝国风格的代表建筑。

凯旋门高 49.54 米，宽 44.82 米，厚 22.21 米，中心拱门高 36.6 米，宽 14.6 米。在凯旋门两面门墩的墙面上，有四组以战争为题材的大型浮雕，分别为“出征”“胜利”“和平”和“抵抗”。下方两张图展示的就是其中的“出征”（左）和“胜利”（右），这两个不朽的艺术杰作在世界美术史上都具有重要地位。

在这些巨型浮雕之上还有六个平面浮雕，分别讲述了拿破仑时期法国的六件重要历史事件：马赫索将军的葬礼、阿布奇战役、强渡阿赫高乐大桥、攻占阿莱克桑德里、热玛卑斯战役以及奥斯特利茨战役。

凯旋门的四周都有门，门内刻有 558 位法兰西第一帝国时代英雄的名字、96 场胜战的名字，以及 1792 年至 1815 年间的法国战争史。以凯旋门为中心，有 12 条大街向四周辐射，每条道路都有 40 ~ 80 米宽，气势磅礴，形似星光四射，因此被称为“星形广场”。

巴黎凯旋门 

外文名称：L'Arc de Triomphe
建造年代：1806年
高度：49.54米
位置：法国巴黎戴高乐广场中央

爱丽舍宫

法国

爱丽舍宫位于法国巴黎第八区的爱丽舍田园路 55 号，是法国共和国总统的官邸，也是法国政治权力的象征之一。

1718 年，戴佛尔伯爵在巴黎市中心兴建了一座私人宅邸，取名“戴弗罗公馆”，由建筑师阿尔曼·克劳德·莫莱主持设计。后来的百余年时光，戴弗罗公馆历经沧桑，几易其主，路易十五和路易十六都曾是它的主人，最终戴弗罗公馆被改名为爱丽舍宫。1873 年，麦克马洪继任法国总统，并于 1879 年 1 月 22 日颁布法令，正式确定爱丽舍宫为总统府，后延续至今。

爱丽舍宫占地面积约 1.1 万平方米，宫殿后部是一座占地 2 万多平方米的幽静、秀丽的花园。主楼是一座两层高的欧洲古典式石建筑，典雅庄重，入口处有法国蓝、白、红三色国旗迎风飘扬，总统在此迎接各国贵宾。两翼为对称的两座两层高的石建筑，中间是一个宽敞的矩形庭院。

爱丽舍宫内部共有 369 间大小不等的厅室，一层各客厅用作会议厅、会见厅和宴会厅，厅内陈设仍保持 18、19 世纪的原样，二楼是总统的办公室和生活区。其中，曾经作为戴高乐总统办公室的金厅，以及在 1889 年应卡诺总统要求而建成的、用于举办国宴的节庆厅最能代表爱丽舍宫的内部格局，大厅以金色为基调，四周装饰极尽奢华。

宫内厅室大多如金厅和节庆厅一般金碧辉煌，典雅精致，每间客厅的墙面都用镀金细木装饰，墙上悬挂着著名油画或精致挂毯，同时陈设有 17 世纪到 18 世纪的镀金雕刻家具 2000 余件、精制座钟 130 余只以及大量珍贵的艺术品。

爱丽舍宫 

外文名称：Elysee Palace
建造年代：1718年
占地面积：1.1万平方米
位置：法国巴黎爱丽舍田园路55号

卢浮宫

法国

坐落于法国巴黎市中心塞纳河北岸的卢浮宫世界四大博物馆之一（另外三座为英国大英博物馆、俄罗斯艾尔米塔什博物馆、美国大都会博物馆），也是最大、最著名的一座。它以丰富的古典绘画和雕刻收藏而闻名于世，自身还是法国文艺复兴时期最珍贵的建筑物、欧洲古典主义时期建筑的代表作之一。

1204 年，菲利普二世在巴黎北岸修建了一座通向塞纳河的城堡，命名为卢浮宫。16 世纪中叶，弗朗索瓦一世拆毁了卢浮宫，但在其基础上重新修建了一座王宫，并往里添置了大量文物珍品。此后经过九位君主的不断扩建和修缮，历时 300 余年，卢浮宫才成为如今呈 U 字形的宏伟辉煌的宫殿建筑群。

卢浮宫总占地面积为 24 万平方米，建筑物占地面积为 4.8 万平方米，整个建筑壮丽雄伟，分为黎塞留馆、叙利馆和德农馆三部分。宫内展厅装饰富丽堂皇，大厅的四壁和顶部都有精美的壁画及精细的浮雕。

宫内有一处长达 300 米的长廊，精美华贵，非常引人注目，它是亨利四世在位期间花费 13 年时间建造的。1661 年 2 月 6 日，一场大火焚毁了长廊，当时在位的路易十四决定以希腊神话中的太阳神阿波罗为主题，重新打造这座长廊。阿波罗长廊融汇了大量绘画与雕塑作品，成为如今卢浮宫中最壮观华美的建筑之一。

宫前的玻璃金字塔也是卢浮宫中备受关注的建筑物，由美籍华人建筑大师贝聿铭仿造埃及金字塔设计。地下还有对应的倒转玻璃金字塔，设计精巧，蔚为壮观。

正对卢浮宫的广场上有一座卡鲁塞尔凯旋门，又称小凯旋门，是为庆祝拿破仑的战争胜利而建造的，也是卢浮宫的标志性建筑之一。

卢浮宫

外文名称：Musée du Louvre
建造年代：1204年
占地面积：24万平方米
位置：法国巴黎塞纳河北岸

巴黎歌剧院

法国

巴黎歌剧院，又称加尼叶歌剧院，是一座折衷主义风格的建筑。它由法国建筑师夏尔·加尼叶于 1861 年设计，融合了古希腊罗马式柱廊、巴洛克、古典主义等多种建筑形式，被认为是折衷主义风格建筑的典范之一。

1671 年 3 月 19 日，建筑师佩兰、康贝尔和戴苏德克在法国国王路易十四的批准下建造了法国第一座歌剧院“皇家歌剧院”，也就是巴黎歌剧院的前身，后于 1763 年被大火烧毁。1860 年 12 月，法国艺术部决定再次兴建巴黎歌剧院，建筑师查尔斯·加尼叶的设计方案被选中。经历种种困难与多次停工、复工后，巴黎歌剧院最终于 1875 年正式启用。

巴黎歌剧院长 173 米，宽 125 米，建筑总面积达 11 237 平方米。建筑正面雄伟庄严、豪华壮丽，采用了古典建筑中惯用的上、中、下三段式设计。正立面最上端是左右对称的、呈罗马风格的三角顶；中层是一排宏伟的柱廊，气势雄壮而端庄；最底层则是意大利式的七个连拱形门洞。

进入歌剧院后，映入眼帘的是两侧蜿蜒向上的大理石楼梯，楼梯两侧均为古典的栏杆和洛可可风格的雕塑，使楼梯正面看起来既庄重又华美，上方天花板上用精美的壁画和浮雕描绘了许多寓言故事。

登上大理石楼梯，可从两侧进入歌剧院走廊，这是听众在中场休息时进行社交谈话的场所。类似古典城堡洛可可内饰风格的走廊精美壮观，在镜子与玻璃的交相辉映下显得流光溢彩、金碧辉煌，甚至有“巴黎的首饰盒”之称。

剧院中央是巨大的马蹄形观众厅，这里有着欧洲传统歌剧院中最大的舞台，可同时容纳 450 名演员，观众席上有 2200 个座位。厅中，天鹅绒的红色构成了主色调，其间嵌入金色饰面，显得富丽堂皇。天花板上处处分布着镀金雕塑，中央悬挂着巨型的水晶吊灯。吊灯周围的绘画具有超现实主义风格，体现出这座折衷主义建筑杂糅而又和谐的内核。

巴黎歌剧院 

外文名称：Opéra de Paris
建造年代：1861年
高度：约24米
位置：法国巴黎第九区奥斯曼大道

新凯旋门

法国

新凯旋门坐落在欧洲最大且最具有活力的地区——巴黎拉德芳斯金融商业区中心，与巴黎凯旋门、卢浮宫小凯旋门一起，形成一线贯通的三门，串起了众多巴黎最富有魅力的名胜古迹，构成了全长六公里的著名中轴线。

这条中轴线的历史始于 17 世纪，是路易十四为了便于狩猎而下令建造的一条从卢浮宫的方形广场出发，穿过杜乐丽花园直至圣日尔曼城堡的中轴线。1806 年，拿破仑在这条中轴线上增添了两个拱形门——巴黎凯旋门和卢浮宫小凯旋门，完成了这条中轴线的建设。

新凯旋门于 1984 年开始动工，历时约六年，最终于 1989 年工程全面竣工。它由混有微硅粉且具有坚固性和柔韧性双重特性的水泥、2.5 公顷的防反射玻璃、3.5 公顷的防滑大理石等现代化新材料构成，此外还采用了先进的环保材料，如绿色混凝土、太阳能电池板等，充分体现了现代化建筑的发展和进步。

新凯旋门的形状是立方体和拱门的结合，高 110 米，长宽各为 105 米，与卢浮宫正中的方形广场一样大。其设计灵感来源于两座更加古老的凯旋门。新凯旋门的设计理念是将传统文化与现代科技相结合，在保证建筑的功能性、美观性和可持续性的同时，为这条传奇中轴线画上一个完美的句号。可以说，它是一座划时代的标志性建筑，观赏者完全可以从中感受到艺术、历史与现代科技的三重震撼。

除此之外，它也是一座集写字楼、展览厅及观光台于一体的多功能建筑，极具实用性。它两侧各 35 层的“门柱”上可提供 4.6 万平方米的办公空间，容纳 4000 多名员工同时工作。

新凯旋门 

外文名称：La Grande Arche
建造年代：1984年
高度：110米
位置：巴黎拉德芳斯金融商业区中心

意大利著名建筑

意大利是欧洲文化的摇篮，曾孕育出罗马文化及伊特拉斯坎文明，在中世纪时期更是成为文艺复兴的发源地，其建筑艺术在欧洲建筑史上占有重要地位。

意大利历史上有显赫一时的古罗马帝国、文艺复兴的发祥地佛罗伦萨，还有毁于维苏威火山大爆发的庞贝古城、闻名于世的比萨斜塔、被誉为世界八大奇迹之一的古罗马竞技场等著名的古文明遗迹和宏伟建筑，它们都是意大利建筑艺术发展史的见证者。

意大利的拜占庭式、罗马式、哥特式和巴洛克式建筑最具有特色，除此之外，意大利的古典园林建筑也深刻地影响着欧洲园林艺术的发展。

在公元前的古典时期，意大利地区是古罗马帝国的中心。罗马人建造了大量宏伟的公共建筑，如竞技场、剧院、浴场和神庙等。这些建筑遵循古典建筑原则，以对称、比例和几何形状为特征，颇具神性。至今仍有留存的著名古典建筑包括罗马斗兽场、罗马竞技场、帕拉蒂尼教堂等。

◆罗马竞技场

这一时期还出现了一种专供贵族消遣娱乐的别墅式园林建筑，名为“Villa Rustica”。其特点是使用大量的雕塑、水景、灌木和色彩鲜艳的花卉来装饰园林，将自然美和建筑美完美融合，营造出一种古典而宏伟的氛围。

进入中世纪后，意大利的建筑受到地理、文化和政治等因素的影响，各个地区展现出了独特的建筑特点，形成了多样化的建筑风格。各种以拱顶、尖塔和彩色玻璃窗为特点的宗教建筑大量兴建，比较著名的有比萨斜塔和米兰大教堂。除此之外，罗马式建筑、拜占庭式建筑等风格也在意大利城市中得到广泛应用。

文艺复兴时期是意大利建筑史上的黄金时期，世俗建筑得到了显著发展，在设计方面有许多创新，集中表现在府邸建筑上。教堂建筑则在世俗建筑成就的基础上回归了古典传统，引入对称、比例和对立的概念，造型更加富丽堂皇。典型代表有佛罗伦萨圆顶教堂、罗马的圣彼得大教堂和威尼斯的圣马可广场建筑群等。

这一时期也是意大利园林建筑的黄金时期，一些具有历史题材的壁画和人物雕塑大量出现在园林中，人们开始注重协调自然景观和建筑风格之间的关系。

◆圣马可大教堂

◆耶稣会教堂

比萨大教堂

意大利

比萨大教堂是位于意大利托斯卡纳省比萨城北面的奇迹广场上的一个建筑群，主要包括圣玛利亚大教堂、洗礼堂、钟楼（即比萨斜塔）和墓园。在这组建筑群中，教堂的正面有四层圆柱装饰，正面和入口处大门上的罗马风格的雕像非常精美。教堂前方约 60 米处的圆形建筑就是洗礼堂，与教堂在同一中轴线上。钟塔位于教堂的东南角，建筑大小、高矮、远近搭配得当，显得非常和谐。

建筑的外墙面均由乳白色大理石砌成，各自相对独立又形成比较统一的罗马式建筑风格，对意大利 11 世纪到 14 世纪之间的纪念艺术产生了极大的影响，称得上是意大利罗马式教堂建筑的典型代表。

这座建筑群中最负盛名的当属比萨斜塔，比萨斜塔从地基到塔顶高 58.36 米，从地面到塔顶高 55 米，倾斜角度为 3.99 度，偏离地基外沿 2.5 米，顶层突出 4.5 米。

原本比萨斜塔在设计之初是一座常规的直立钟楼，但由于地基不均匀和土层松软，导致塔身从第三层开始倾斜，期间经历多次修正都无法回正，最终形成了如今的状态，被认为是世界建筑史上的奇迹。

比萨大教堂

外文名称：Pisa Cathedral
建造年代：1063年
高度：32米
位置：意大利托斯卡纳省比萨城

佛罗伦萨大教堂

意大利

佛罗伦萨大教堂是13世纪末平民行会从贵族手中夺取政权后，作为共和政体的纪念碑而建造的，是文艺复兴时期重要的代表性建筑，同时也是世界第四大教堂、意大利第二大教堂，其主教堂上的穹顶被普遍认为是意大利文艺复兴建筑的第一个作品。

佛罗伦萨大教堂与比萨大教堂一样，也是一个由主教堂、洗礼堂和钟楼组成的建筑群。主教堂通常也被称为“圣玛丽亚百花大教堂”或“花之圣母大教堂”，它那饱满并富有力量美的穹顶是当时世界上最大的穹顶之一，其结构的规模和构造的精致程度远远超过了中世纪时期建造的教堂，代表着意大利建筑技术空前的成就。

穹顶坐落于高达55米的八边形鼓座之上，对边跨度42米，拱矢高度超过30米，内部采用双层壳体，外形轮廓似半个椭圆，保证了结构的稳定性，同时也有着明

显的哥特式尖拱特点。此外，穹顶内还有蜿蜒向上的小楼梯，观光者可以拾阶而上到达顶部的采光亭。

如此高的穹顶使得主教堂内部极为空旷明亮，西半部的大厅长约 80 米，柱墩的间距在 20 米左右，中厅的跨度也是 20 米，能容纳 1.5 万人同时礼拜。

教堂外开窗不多，立面简洁，墙面由白色、粉红色、绿色三色大理石砖按几何图案分布装饰。立面构图关系比较简单，主要是圆形、方形和三角形，遵循古典的法则、通例和正确的建筑比例排布。

佛罗伦萨大教堂没有过多的哥特式建筑特色，反而呈现出一种罗马式的古典美，可见其风格的多样性以及文艺复兴时期百家争鸣的景象。

佛罗伦萨大教堂

外文名称：Florence Cathedral
建造年代：1296年
高度：107米
位置：意大利佛罗伦萨露天教堂广场

米兰大教堂

意大利

米兰大教堂位于意大利米兰市中心的大教堂广场，是意大利著名的天主教堂，在世界五大教堂中规模排名第二（仅次于梵蒂冈的圣彼得大教堂），同时也是世界上最大的哥特式建筑，又称杜莫主教堂、多莫大教堂、多莫教堂。

公元1386年，在米兰第一位公爵吉安·加莱亚佐·维斯孔蒂的建议和推动下，这座教堂开始兴建。1500年，教堂完成拱顶；1774年，教堂中央高达107米的尖塔上的镀金圣母玛丽亚雕像完工；1897年，教堂最终竣工，历时五个世纪。至今，米兰大教堂已经成为米兰的精神象征和标志。

教堂长158米，最宽处93米，塔尖最高处达108.5米，总面积为11700平方米，可容纳4万人举行宗教活动，拿破仑也曾于1805年在米兰大教堂举行加冕仪式。

在教堂始建之时，因为哥特式建筑风格正在欧洲流行，所以奠定了这座建筑哥特式风格的基调。虽然后世数百年内，德国、法国等国家的建筑师先后都参与过对主教堂的设计，使得该教堂整体汇集了多种民族的建筑艺术风格，包括新古

典主义式、巴洛克式等，但它依旧保留了明显的哥特式建筑外观。

大量的尖拱、壁柱、花窗棂装饰在教堂的内外部，135 个做工繁复的尖塔直指天空，每个塔尖上都有神的雕像，显得神秘而又庄重。建筑外部分布着雕刻精美的窗花格，全长约一公里。

整座教堂共有大理石雕像 6000 多座，其中 3159 座位于建筑外部，2245 尊是外侧雕刻，雕像的主题多为圣经故事等宗教题材，外观极尽繁复精美。因此，米兰大教堂称得上是世界上雕像和尖塔最多的哥特式教堂，同时，因为教堂是用白色大理石砌成的，它也被誉为“大理石山”。

米兰大教堂 

外文名称：Duomo di Milano
建造年代：1386年
高度：108.5米
位置：意大利米兰市中心大教堂广场

罗马万神庙

意大利

万神庙（Pantheon）意为“众神之庙”，是古罗马人为供奉众神而建造的祭祀建筑，最著名的万神庙就是坐落在意大利首都罗马的这一座。罗马万神庙也叫哈德良万神庙，原本是公元前的古人为纪念奥古斯都而建造的，直到后来罗马皇帝哈德良将原本方正的庙宇改造成了圆形穹顶的模样，才有了现在人们看到的万神庙。

现存的万神庙主体建筑正面为长方形柱廊，宽 34 米，深 15.5 米，有三排科林斯式柱子共 16 根，前排 8 根，中、后排各 4 根。柱身高 12.5 米，底径 1.43 米，是用整块埃及灰色花岗岩加工而成，严谨的几何对称体现出了罗马式古典建筑的和谐、稳定和庄严的特色。

后方为一座由 8 根巨大拱壁支柱支撑的圆顶大厅，面积约 1500 平方米，穹顶顶部矢高 43.3 米，与直径相等。屋顶有一透光顶窗，直径为 8.9 米，投射下来的巨大光斑随着时间的变化而移动，为这座庄重、古老的罗马建筑带来了一丝温暖和光亮。

罗马万神庙

外文名称：Pantheon
建造年代：公元前27年
高度：43.3米
位置：意大利罗马圆形广场北部

罗马大斗兽场

意大利

斗兽场是古代罗马的一种俯瞰为椭圆形的半开放式石头建筑物，中央一块平地作为表演区，周围看台逐排升起，没有屋顶。其中以罗马大斗兽场规模最大，占地 2 万平方米，周长 527 米，可容纳 9 万观众，被誉为“世界八大奇迹”之一，它的形制至今还在影响着现代大型体育场的构造。

罗马大斗兽场由罗马皇帝韦斯帕先在公元 72 年下令开工，于公元 80 年左右建成，是古罗马帝国专供奴隶主、贵族和自由民观看斗兽或奴隶角斗的地方。角斗活动一直持续到公元 405 年，这种极端野蛮的竞技比赛才被西罗马帝国皇帝霍诺留所制止。直到公元 8 世纪，罗马大斗兽场还几乎完整无损，甚至在后续五百年的大大小小无数次战争中被用作堡垒。

罗马大斗兽场外观极其宏伟雄壮，高高的立面分为四层，自下而上分别采用多利克柱式、爱奥尼亚柱式、科林斯柱式和实墙。整体由连接的拱券支撑，每个拱门两侧由石柱支撑，罗马建筑工人们在它的表面修砌了一层古希腊柱式，起到

装饰作用。第四层正对着四扇大拱门，是登上斗兽场内部看台回廊的入口。

建筑内部的角斗场长轴 188 米，短轴 156 米，约 60 排的观众座位以 62% 的坡度升起，由低到高分为四组。前面是贵宾席，也就是皇帝、元老、主教等罗马贵族和官吏的特别座席；中间两层是骑士和罗马公民的座位；后面是普通自由民（包括被解放了的奴隶）的座位；最高处有一圈柱廊，可供管理篷顶的人员休息。

支撑观众席的是三层放射式排列的筒形拱，每层 80 个，以及沿外圈回环的拱顶。底层有券洞作为出入口，观众可顺着设在放射形拱内的楼梯登上预定的座位区。表演区呈椭圆形，长轴 86 米，短轴 54 米，奴隶们在这里表演角斗或斗兽，周围有一道高墙与观众席隔开。

斗兽场尽管风格粗犷，但也是有精细的内部装饰的，大理石镶砌的台阶附有花纹雕饰，第二层、第三层的拱门里均置有白色大理石雕像。

罗马大斗兽场 

外文名称：Roman Colosseum
建造年代：72年~80年
高度：57米
位置：意大利罗马台伯河东岸

特雷维喷泉

意大利

特雷维喷泉位于意大利罗马特雷维区的一个三岔路口，因为面前有三条道路向外延伸，因此得名特雷维喷泉（Fontana di Trevi，意为三岔路）。特雷维喷泉是罗马最后一件巴洛克式建筑艺术杰作，在电影《罗马假日》风靡全球后，它也成为罗马境内最大、知名度最高的喷泉，是罗马的象征之一。

特雷维喷泉所在的三条道路的交汇处，原本是罗马高架渠水道（古罗马时代负责运送饮用水的管线）处女水道桥的终点。随着15世纪文艺复兴运动的展开，罗马人的建筑风格得到复兴，因此在教皇克莱门特十二世的推动下，建筑师尼科洛·萨尔维开始在水道的终点建造壮丽的喷泉。

特雷维喷泉

外文名称：Fontana di Trevi
建造年代：1732年
高度：25.9米
位置：意大利罗马特雷维区三岔路口

特雷维喷泉的修建工作正式开始于 1732 年，工程耗费时间长达三十年，最终于 1762 年完成。喷泉总高约 25.9 米，宽 19.8 米，是全球最大的巴洛克式喷泉之一。

雄伟的喷泉雕刻叙述的是海神的故事，背景建筑是一座海神宫殿。池中央站在海贝形战车上的是海神波塞冬，脚下拉车的两匹骏马被两个特里同（希腊神话中海之信使，也是波塞冬的儿子）牵引，左边的狂放不羁，右边的温顺安详，分别象征着汹涌和平静的海洋。

海神四周环绕着西方神话中的诸神，左右各有一尊水神，分别代表丰裕和健康。背景墙柱子顶端有四位女神持不同神器，构成群雕《四季女神》，象征四季。四季女神下面有两幅浮雕，左边是少女指出地上喷涌出泉水的位置，所以这个喷泉也被称为“少女喷泉”。

喷泉主体部位的大理石海神雕像栩栩如生、外形美观、装饰丰富、立体感强，整个喷泉气势磅礴、大气恢宏、泉水清澈，是不可多得的巴洛克式建筑代表作之一。

垂直森林

意大利

垂直森林是一种展示新形态建筑生物多样性的建筑原型，它更侧重于将人和其他生物物种之间的关系置于中心位置。垂直森林的设计理念是“树之家，人与鸟之家”，这不仅定义了该项目的城市特征和技术特征，还定义了建筑的内涵及其外在特征。

世界首例垂直森林建于意大利米兰新门区，两座摩天“树塔”分别高 80 米和 112 米，其上共种植了 800 棵树（480 棵大中型树木，300 棵小型树木），15 000 株多年生植物、地被植物以及 5000 株灌木丛。这不仅将 20000 平方米的林地或灌木丛植被集中在了一个 3000 平方米的城市建筑表面上，同时还提供了约 5 万平方米的居住空间。

为容纳如此多的植被并使其自由生长，塔楼外形遍布着大型、交错和悬挑的阳台（每一个约 3 米深），一些较大的树木的生长空间甚至可以超过三个楼层，被称为“大楼上的绿色窗帘”。大楼外墙的陶瓷饰面与树皮的棕色相融合，冰冷

的人造物与温暖的自然植被交相辉映，具有丰富的文学价值和象征意义。

与玻璃或钢筋、水泥制成的矿物外墙相比，这个绿色窗帘除了能够提升美观度外，还可以调节湿度，产生氧气、吸收二氧化碳，使得室内环境舒适宜人。这也为该项目带来了许多重要奖项，包括法兰克福的德国建筑学会颁发的国际高层建筑奖（2014 年），以及世界高层建筑与都市人居学会在芝加哥颁发的全球最佳高层建筑 CTBUH 奖（2015 年）。

仅仅在建成几年后，垂直森林就创造了一个可供众多生物（包括约 1600 只鸟和蝴蝶）定居的栖息地，在城市中建立了一个适宜植物和动物定居的塔楼，在大城市中创建了一个自动植物重新广泛覆盖的然基地。

尽管两栋建筑的施工成本比普通楼房高出约 5%，但其体现了打造绿色建筑的创新实践，独特的形象和环保意义也成为米兰的新象征。

垂直森林

外文名称：Vertical Forest
建造年代：2011年~2014年
高度：80米/112米
位置：意大利米兰新门区

英国著名建筑

英国位于欧洲最西端，与整个欧洲大陆隔英吉利海峡相望。环境的特殊性决定了它在整个历史发展和演变过程中一直与欧洲各国保持着既联系又相对独立的关系，其建筑艺术的发展历程也与欧洲的有所不同，呈现出一定的独特性。

在远古时期，不列颠群岛上就诞生了文明，并且至今依旧留存着一些极具震撼性的建筑遗迹，比如著名的巨石阵、欧洲最完整的新石器时代村落——斯卡拉布雷史前村落等。

公元前 55 年，罗马人进入不列颠群岛，并开始了 400 多年的统治。这一时期，新建的罗马式居住建筑及公共建筑逐渐在大不列颠群岛上形成了城镇的形态，并最终影响了后世英式庄园的格局。

中世纪前后，法国诺曼底公爵威廉入侵并占领英格兰，使得欧洲对英格兰的影响加深，封建庄园开始成为英国封建社会的基本经济单位。为了争夺土地和粮食，英国不断爆发内战，导致贵族们修建起越来越多的城堡来保护自己的领地。这一时期最具标志性的建筑就是呈半圆形并带有锯齿形装饰的诺曼拱门，后世著名的

◆巨石阵

◆汉普顿宫

伦敦塔也是诺曼征服英格兰的产物。

进入 15 世纪的都铎时期，亨利八世摒弃欧洲的罗马天主教会体系，建立了以自己为最高统治者的英国国教会。在建筑上也开创了本国独有的建筑风格——都铎式建筑，其最大特点是木构和砖墙混合建造，并且由四心拱结构支撑，典型代表作有汉普顿宫、莎士比亚环球剧院等。

到了中世纪，由于教会力量的不断壮大，代表宗教信仰的哥特式建筑从欧洲引入英国，明显影响到了英国本土的建筑风格。到中世纪末期时，英国已经形成了一种结合哥特时期晚期的古典风格细节和都铎风格的尖拱、内部镶嵌装饰的混合风格，典型代表有剑桥大学国王学院礼拜堂。

到了 18 世纪初期，随着英国中产阶级的逐渐崛起，以伦敦为中心的区域，注重线条对称、井然有序的乔治亚建筑逐渐兴起。到了维多利亚女王统治期间，复杂的曲线图案再次在建筑中流行起来，希腊复兴、文艺复兴、埃及和哥特式风格建筑盛行，这一时期的建筑被认为是英国建筑史进入现代的标志。

◆伦敦塔

大英博物馆

英国

大英博物馆又名不列颠博物馆，位于英国伦敦新牛津大街北面的罗素广场，是世界上历史最悠久、规模最宏伟的综合性博物馆之一，为世界四大博物馆之一。

博物馆中收藏了世界各地的许多珍贵文物和图书珍品，主要是英国于 18 世纪至 19 世纪发起的战争中掠夺得来的，包括埃及木乃伊、中国青铜器、印度佛教艺术品、希腊罗马艺术品、非洲艺术品、美洲原住民艺术品等。其中，埃及馆和东方艺术文物馆规模最庞大，陈列的文物也最多。

除了其代表的文化历史价值以外，大英博物馆本身还是一座规模庞大的希腊复兴式建筑，内部现代化气息也十分明显，雄伟的外观和独特的设计风格使其成为英国伦敦的标志性建筑之一。

博物馆的主楼由 44 根爱奥尼亚式的大理石柱组成的围廊建在台基上，正门两旁各有八根粗壮宏伟的圆柱，圆柱支撑着一个三角顶，上面刻着一幅巨大的浮雕，气魄雄伟，蔚为壮观，仿佛古希腊神庙一般庄重肃穆。

博物馆中心是于 2000 年 12 月建成开放的大中庭，由伦敦建筑师诺曼·福斯特设计，顶部由数千片三角形的玻璃片组成，将原本独立于回字形建筑中间的图书馆与四周馆舍连接起来，是欧洲最大的有顶广场。

广场中央的拱形屋顶阅览室是图书馆建筑史上的杰作，高 32.3 米，直径 43 米，有 19 排长条阅览桌，可供 302 名读者在此阅读。线条优美的钢架构筑出现代感的设计风格，与厅内古希腊柱式雕塑共处一室，营造出一种跨越时空、古今融合的奇异的和谐感。

大英博物馆

外文名称：The British Museum
建造年代：1753年
占地面积：5.6万平方米
位置：英国伦敦新牛津大街罗素广场

威斯敏斯特宫

英国

威斯敏斯特宫又称议会大厦，坐落在英国伦敦中心的威斯敏斯特市泰晤士河畔，是1840年在重要的中世纪遗迹原址上重建的、世界上最大的哥特式建筑之一，也是当今英国议会的所在地，被称为英国的国家名片。

在过去，伦敦的西郊曾建有一座教堂，可惜被损毁了。后来的英国国王爱德华一世在这里修建了一座宫殿，并重建了教堂。宫殿几经扩建，于1506年由伊丽莎白一世女王改建为威斯敏斯特宫。在其后的数百年时光里，这座宫殿一直是英国的主要王宫，直到1547年成为英国议会所在地。

1834年，一场大火烧毁了威斯敏斯特宫大半的原有建筑，只留下了威斯敏斯特大厅。英国政府决定在原址上建造一座议会大厦，由著名建筑设计师查尔斯·巴里设计，1840年动工，1857年完工，最终形成了现在的议会大厦。

威斯敏斯特宫对面是威斯敏斯特大教堂，两者均采用哥特式建筑风格，以美丽的装饰和精致的雕刻而著称。宫殿东临泰晤士河，正门朝西，占地面积8英亩（约

3.2 万平方米），主体建筑是前后三排长达 287 米的宫殿大楼，两端和中间由七座横楼连接。建筑内部包括约 1100 个独立房间、100 座楼梯和 4.8 公里长的走廊。宫殿西南角和东北角各有一座高塔，分别是西南角高 102 米、长宽各 22.9 米的维多利亚塔，以及东北角的方形尖塔钟楼，也就是闻名全球的大本钟。

大本钟钟楼建于 1856 年，监制人为本杰明·霍尔爵士，大本钟也因他而得名。钟楼高 96 米，大钟重 13.5 吨，直径 7 米，时针长 2.75 米，分针长 4.27 米，钟摆重 305 公斤。每走一小时，就会报时一次，洪亮的钟声通过英国广播公司的广播网传遍全世界。

威斯敏斯特宫 

外文名称：Palace of Westminster
建造年代：1065年
占地面积：3.2万平方米
位置：英国伦敦威斯敏斯特市

白金汉宫

英国

白金汉宫坐落在伦敦威斯敏斯特市，是英国王室在伦敦的主要寝宫及办公处，也是英国国王召见首相和大臣、接待和宴请来访的外国国家元首或政府首脑、接受外国使节递交国书等的重要场所。

白金汉宫始建于 1703 年，是当时白金汉公爵所建的府邸。1762 年，乔治三世买下白金汉府邸作为王后的私人宫殿，并扩建成为三边环绕的格局。1825 年，乔治四世再次扩建白金汉府邸，并改名为白金汉宫。1837 年，维多利亚女王登基后，王室便从圣詹姆斯宫移至白金汉宫，确立白金汉宫为英国王室的正式宫殿，她也

白金汉宫 

外文名称：Buckingham Palace
建造年代：1703年
占地面积：18万平方米
位置：英国伦敦威斯敏斯特市

是第一个从白金汉宫前往加冕的君主。

白金汉宫的建筑风格为新古典主义，庄严的正门悬挂着王室徽章。后方的主体建筑共有五层，其中两层为服务人员专用的附属层。外观的建筑材料为巴斯石灰岩，内部则以人造大理石和青金石为主，其他建材为辅。此外，附属建筑还包括皇家画廊、皇家马厩和花园。花园占地约 18 公顷，园内有湖泊、草地、小径和各种花草树木。

宫内有典礼厅、音乐厅、宴会厅、画廊等共 775 间厅室，收藏着许多绘画和精美的红木家具。艺术馆大厅内专门陈列英国历代王朝帝后的 100 多幅画像和半身雕像，营造出浓厚的十八九世纪英格兰的氛围，打造出专属于白金汉宫的富丽堂皇。

宫外广场中央耸立着维多利亚女王镀金雕像纪念碑，顶上站立着展翅欲飞的胜利女神，象征着王室希望能再现维多利亚时代辉煌的愿望。

伦敦塔桥

英国

伦敦塔桥始建于 1886 年，是从泰晤士河口算起的第一座桥（泰晤士河上共建桥 15 座），因位于伦敦塔附近而得名，是一座举世闻名的上开悬索桥，也是伦敦的象征之一，有“伦敦正门”之称。

19 世纪下半叶，随着伦敦东区商业的发展，现有的跨河手段已经无法满足两岸的交通需求，泰晤士河上急需建造更多桥梁。但这座桥不能建成传统的固定桥，因为这样会干扰到当时泰晤士河上的船只运输，最终一个上开悬索桥的方案被采纳。

伦敦塔桥两岸由四座用花岗石和钢铁建成的高塔连接，两座主塔高 43.45 米，塔上建有白色大理石屋顶和五个小尖塔，远看仿佛两顶王冠，明显带有维多利亚时代的建筑风格。桥塔内设上下楼梯，内设博物馆、展览厅、商店、酒吧等，可供游人驻足，观赏泰晤士河上的秀丽风光。

河中的两座桥基高 7.6 米，相距 76 米，分上下两层，上层为宽阔的悬空人行道，两侧装有玻璃窗；下层桥面可供行人通过，也可供车辆穿行。如果巨轮鸣笛而来，

主塔内机器启动，桥身慢慢分开，可在一分钟内向上折起，让出河上通路，此时行人可改道从上层通过。

巨轮过后，桥身慢慢落下，恢复车辆通行，可翻转的每半个桥面的重量都在1000吨以上。

伦敦塔桥

外文名称：Tower Bridge
建造年代：1886年
高度：43.45米
位置：英国伦敦泰晤士河上

伦敦眼

英国

伦敦眼是为了庆祝公元 2000 年而兴建的，于 1999 年年底开幕，当时的赞助商是英国航空公司，因此又称为千禧之轮、英国航空伦敦眼。伦敦眼坐落在英国伦敦泰晤士河畔的兰贝斯区，与威斯敏斯特宫隔河相望，是世界上首座、截至 2005 年最大的观景摩天轮，是伦敦的地标及著名旅游观光点之一。

伦敦眼的车轮型设计隐喻着时间的洪流滚滚而过，象征着世界正式进入了一个新千年。作为当时世界上最大的可旋转建筑，伦敦眼重约 1600 吨，高达 135 米，轮盘上共有 32 个乘坐舱，每个乘坐舱可载客约 25 名，回转速度约为每秒 0.26 米，即转一圈耗时 30 分钟左右。

舱室采用玻璃幕墙全封闭设计，使游客可以尽情地欣赏到周围的美景，而不受任何障碍物的遮挡。座舱内装有太阳能电池，提供通风、照明和通信系统的电力，同时装有空调，以保证游客观赏时的舒适度。

如此巨大、整体偏单薄且需要时刻旋转运行的建筑，所面临的故障风险也是巨大的。为防止其倒塌，两支从陆地延伸过来的支架承担了摩天轮大部分的重量，另外加上六条巨型钢索固定。这些支架与钢索的地桩将打入地底 180 英尺的深处，以确保稳定坚固。为了保证摩天轮在强风天气下的稳定性，还有 10 米长的外支架连接到转盘的轴心并锁定在地面上。

远远看去，巨大的摩天轮就像是一个美轮美奂的奇迹，近看时，钢铁巨兽的震撼感又会扑面而来。在夜晚，伦敦眼还会幻化成一个巨大的蓝色光环，为泰晤士河增添一丝梦幻气息。

自 2000 年 3 月开放之后，已经有近千万人次乘坐“伦敦眼”升上半空，鸟瞰伦敦。伦敦眼也成为伦敦最受欢迎的付费观光点之一。

伦敦眼 

外文名称：The London Eye
建造年代：1999年
高度：135米
位置：英国伦敦泰晤士河畔兰贝斯区

布莱尼姆宫

英国

布莱尼姆宫，又名丘吉尔庄园，是英国一座既非王室所有、也非宗教建筑，却被称为宫殿的巴洛克式建筑。它为马尔伯勒公爵家族所有，是英国规模最大的建筑之一。英国历史上著名的首相温斯顿·丘吉尔就出生在这里。

布莱尼姆宫位于牛津郡伍德斯托克，是英国女王安妮为奖赏于 1704 年打败法国和巴伐利亚侵略军的马尔伯勒第一世公爵约翰·丘吉尔，而于 1705 年到 1722 年间在格里姆河边建造的公爵府。宫殿由一个长方形的中央主体建筑和两边的庭院建筑组成，占地面积约 8.5 平方公里，是英国历史上除皇家园林以外最大的私人庄园。

设计师用堤坝蓄起了两个形状狭长的湖泊，两湖相接处，一座小桥笔直地通往宅邸的中庭，桥的另一端连接着河对岸的牧场。布莱尼姆宫主体建筑由两层主楼和两翼的庭院组成，外观混合了科林斯式的柱廊、巴洛克式的塔楼，高高隆起

的三角壁形成错落有致的正立面线条。

布莱尼姆宫西侧还有一处修建在台阶上的“水景园”，这是由英国天才园艺师布朗建造的，荟萃了 18 世纪东西方的园林样式，设计堪称经典。水景园的中间和四个角落各有一座喷泉，黄杨、雕像和装饰墙错落有致地分布在水景园之中，13 个喷水池组成小型的阶梯式瀑布流入水景园的中心，显得生机盎然。

布莱尼姆宫吸收了来自各方面的灵感，以折衷主义的设计理念、回归国家传统的精神和热爱自然的理念而著称，将田园景色、园林和庭院融为一体，是 18 世纪宫殿建筑的杰出典范。在 18 世纪和 19 世纪的英国和国外，布莱尼姆宫对建筑和空间组织都产生了很大的影响。

布莱尼姆宫 

外文名称：Blenheim Palace
建造年代：1705年
占地面积：8.5平方千米
位置：英国牛津郡伍德斯托克

圣保罗大教堂

英国

圣保罗大教堂位列世界五大教堂之一，是世界第二大圆顶教堂，仅次于梵蒂冈的圣彼得大教堂，以壮观的圆形屋顶和别具一格的建筑特色闻名于世，被誉为古典主义建筑的杰作。

圣保罗大教堂最初由圣梅里特斯于公元 604 年创建，自创建后就一直举行感恩其后祈祷和礼拜仪式。在其后的千年时光里，教堂几经损毁与重建。在 1666 年的一场大火将原有的哥特式大教堂毁于一旦后，英国著名设计师克里斯托弗 · 雷恩爵士独立设计建造，这才形成了如今人们看到的圣保罗大教堂。

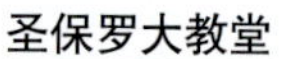

外文名称：St. Paul's Cathedral
建造年代：604年
高度：111米
位置：英国伦敦纽盖特街与纽钱吉街的交汇处

圣保罗大教堂不仅带有神圣的宗教色彩，还蕴含着深厚的历史意义、浓郁的文化底蕴和艺术氛围，并巧妙地融合了英国本土及欧洲其他国家的多元化建筑风格。

教堂平面为拉丁十字形，纵轴 156.9 米，横轴 69.3 米，由精确的几何图形组成，布局对称。十字交叉的上方有两层圆形柱廊构成的高鼓座，底层四周的走廊外面建有一圈圆形的石柱。其上是巨大的穹顶，直径 34 米，离地面 111 米，穹顶的顶端安放着一个镀金的大十字架。

教堂正门上部的人字墙上雕刻着圣保罗到大马士革传教的图画，墙顶上立着圣保罗的石雕像。正面建筑两端建有一对对称的钟楼，西北角的钟楼为教堂用钟，西南角的钟楼里悬挂着一口 17 吨重的大铜钟，是英国最大的铜钟。教堂中殿两侧有三座小教堂，分别是万灵教堂、圣邓斯坦教堂以及圣迈克尔和圣乔治教堂，还有气势恢宏的惠灵顿纪念碑等。

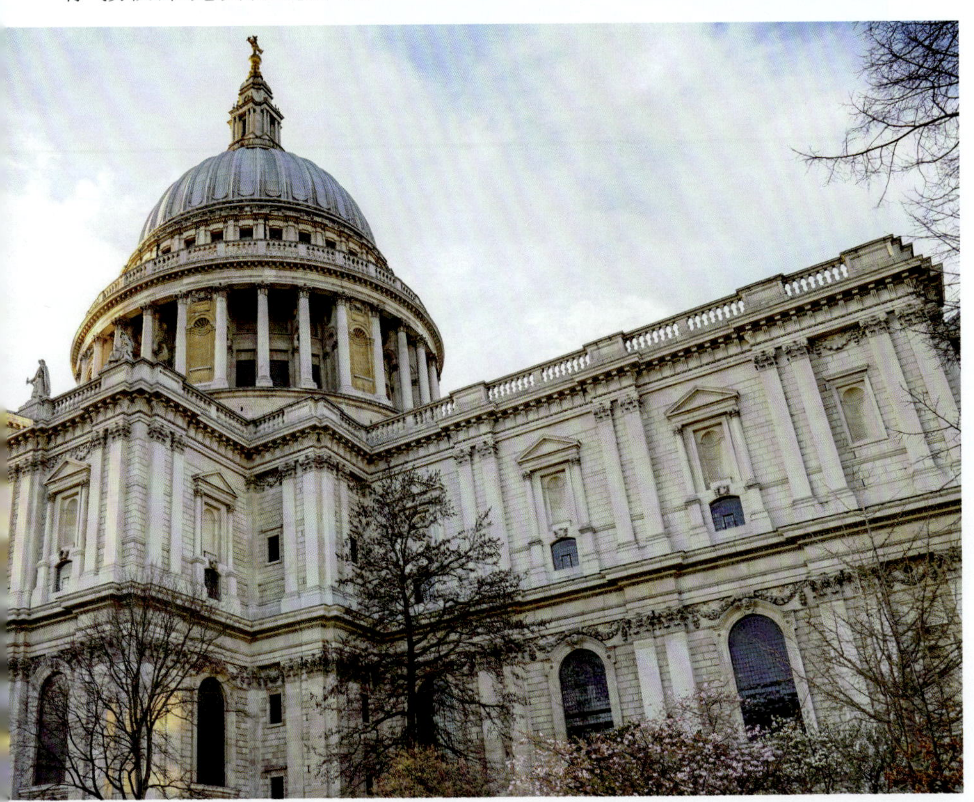

碎片大厦

英国

碎片大厦位于伦敦泰晤士河南岸，于 2012 年 7 月 5 日在英国安德鲁王子和卡塔尔首相哈马德共同剪彩之下宣告落成，是建筑大师伦佐·皮亚诺设计的、全欧洲第二高的大厦。309.6 米的高度使它仅次于莫斯科水星城，伫立在泰晤士河岸上显得既锋利又明锐。

碎片大厦的建筑面积达 129 134 平方米，共 95 层，其中 72 层可供办公、居住及观光。第 2 层到第 28 层是办公区域；第 31 层到第 33 层是各种餐厅和酒吧；第 34 层到第 52 层是香格里拉世界级酒店；第 53 层到第 65 层是售价约 5000 万英镑的豪华公寓，也是英国高度最高的住宅。

碎片大厦

外文名称：The Shard
建造年代：2008年
高度：309.6米
位置：英国伦敦泰晤士河南岸

上方 15 层楼高的公共观景廊是英国最高的观赏平台，提供 360 度全景视角，可供游客俯瞰方圆 40 英里的壮美景色，伦敦塔桥、国会大厦、奥林匹克体育场、伦敦眼、温布利体育场等著名景点尽收眼底。

整座大厦是一个钢骨框架结构的巨型四棱锥体，其每一寸外立面都是由外向内倾斜并依次向上生长的玻璃薄片覆盖，数量达 11 000 块，面积约 56 000 平方米，相当于八个足球场或两个半特拉法尔加广场的面积。

同时，塔顶的玻璃板互不接触，形成一个开放空间。这种立面处理可以让建筑表面的光影和反射根据天气和季节的不同而发生改变，仿佛一个晶莹剔透的玻璃金字塔，又像几片巨大的玻璃碎片相互支撑直冲云霄，极富有表现力。

设计师皮亚诺曾解释道，众多伦敦教堂的尖顶和泰晤士河畔曾经停泊的无数帆船的桅杆激发了他的设计灵感，开放式顶端是为了避免隔绝大厦与大自然的互动，使大厦可以“自由地呼吸”。

圣玛利艾克斯30号大楼

英国

圣玛利艾克斯 30 号大楼是位于英国伦敦市金融商业区的一栋摩天大楼，正式名称为瑞士再保险公司大楼，因其外表酷似一根腌黄瓜，因此英国人给它起了一个亲切的昵称——小黄瓜。

圣玛利艾克斯 30 号大楼由诺曼·福斯特、他的合伙人肯·夏托沃斯以及奥雅纳工程咨询公司共同设计，高 180 米，共 40 层。大楼内部主要为办公室，平日不对外开放。底部两层为商场，顶楼两层设有 360 度旋转餐厅和娱乐俱乐部，楼前广场和花园中有一些酒吧餐馆可供人休憩。

大楼采用圆形周边放射平面，由双层低反光玻璃覆盖，外形像一颗子弹，整体为螺旋型，每层的直径随大厦的曲度而改变，直径由 49.37 米扩张至 56.38 米，之后逐渐收窄。曲线形建筑可对周围气流产生引导作用，使其和缓地通过建筑边缘锯齿形布局的内庭幕墙上的可开启窗扇，帮助其实现自然通风。

大楼中央是巨大的圆柱形承重结构，作为大楼的重力支撑，里面有六个三角形天井，作用是增加自然光的射入。旋转型设计使得光线并非直接照射，具有散

热的功能，实现自然照明的同时也减少了空调的使用。

这样的节能方式使圣玛利艾克斯 30 号大楼比普通办公大楼节省50%的能源。同时，它也是由可再利用的建筑材料建造而成，设计师诺曼·福斯特因此获得了 2004 年的斯特林奖。

圣玛利艾克斯30号大楼

外文名称：30 St. Mary Axe
建造年代：2002年
高度：180米
位置：英国伦敦圣玛利斧街30号

德国著名建筑

德国作为欧洲大陆上的重要国家之一，其建筑文化与欧洲诸国联系紧密，在深受中世纪欧洲建筑风格影响的同时也发展出了自身的特色，其园林艺术和现代建筑更是对整个世界的建筑发展有着重要的推动作用。

在古罗马时期，德国还处于罗马帝国的统治之下，这一时期的罗马式建筑风格占据了重要地位，主要表现在教堂和修道院等宗教性质的建筑上。

12 世纪到 15 世纪，德国的经济在封建分裂的情况下相对落后，但北部及莱茵河流域的一些城市还称得上繁荣。这一时期，德国的教堂受法国哥特式建筑风格影响较大，不过在此基础上也发展出了单塔式和广厅式两种特殊形式的教堂，典型代表作有科隆大教堂、乌尔姆大教堂等。

也是在中世纪前后，德国园林建筑受到希腊和罗马传统的影响，发展出了结构完整、几何形状明显、景观精雕细琢、强调对称和比例的美学原则，具有庄重典雅、对称美观的特色。其中最具代表性的建筑作品有科隆大教堂花园和波恩的夏季公园等。

◆科隆大教堂

◆德累斯顿大花园

文艺复兴时期是欧洲文化发展的重要时期，对德国建筑发展产生了较大的影响。在这一时期，德国出现了许多新的建筑风格和建筑技术，主要包括文艺复兴式建筑和巴洛克式建筑，这一点实际上与欧洲各国比较相似。

这一时期的德国园林建筑开始强调追求自然和人文的完美结合，注重对自然环境的塑造和利用。这与意大利园林艺术有相通之处，不难看出也是受其影响而衍生出的风格，典型代表作有韦尔斯伯格宫殿花园。

18 世纪末到 19 世纪初，在法国资产阶级革命和拿破仑战争的影响下，德国建筑开始流行古典复兴和浪漫主义风格，典型代表作有柏林宫廷剧院、柏林勃兰登堡门等。这一时期的德国园林建筑更加强调复杂的设计和精心制作的细节，代表作有德累斯顿大花园。

二战之后，德国的现代派建筑，包括理性主义和表现主义建筑风格，随着经济的恢复开始蓬勃发展，兼蓄地方传统文化与国际先进建筑思想，并带有强烈的民族个性。其代表性建筑有柏林爱乐音乐厅、柏林新威廉皇帝纪念教堂、慕尼黑奥林匹克中心等。

◆慕尼黑奥林匹克中心

勃兰登堡门

德国

勃兰登堡门位于德国柏林市中心菩提树大街和 6 月 17 日大街的交汇处，是柏林市区著名的游览胜地。二战之后，勃兰登堡门同柏林墙一起见证了德国近半个世纪的分裂，1989 年柏林墙倒塌后，它就成为两德统一的象征。

1753 年，普鲁士国王弗里德里希·威廉一世定都柏林，下令修筑柏林城，并以国王家族的发祥地勃兰登堡命名城门。1788 年，弗里德里希·威廉二世统一了德意志帝国，为表庆祝重建此门。当时的设计师以雅典古希腊柱廊式城门为蓝本，设计了这座古典复兴凯旋门式的城门，并于 1791 年竣工。

勃兰登堡门高 26 米，宽 65.6 米，进深 11 米，由 12 根高达 15 米、底部直径为 1.7 米的多立克式立柱支撑着平顶，前后立柱之间为巨大的砂岩条石，门内有 5 条通道，中间的通道最宽。在 1918 年德皇退位前，中间的通道仅允许皇族成员和被皇室邀请的客人行走。

在各通道内侧的石壁上镶嵌着沙多创作的 20 幅描绘古希腊神话中大力神赫拉克勒斯、战神玛尔斯以及艺术家和手工艺人的保护神米诺娃的英雄事迹的大理石浮雕画。30 幅反映古希腊和平神话“和平征战”的大理石浮雕装饰在城门正面的石门楣上。

此外，大门两侧与勃兰登堡门门楼相连的翼房曾用于守卫和关卡，柏林城墙拆毁后被改建成敞开的立柱大厅，每个立柱大厅中各有 6 根规模较小的立柱。

为了使此门更辉煌壮丽，当时德国著名的雕塑家戈特弗里德·沙多又为此门顶端设计了一套驾车的胜利女神铜制雕塑。背插双翅的女神站在四匹飞驰的骏马拉着的双轮战车上，她一手执杖一手提辔，一只展翅欲飞的普鲁士飞鹰立在女神手执的饰有月桂花环的权杖上。此门建成之后曾被命名为“和平之门”，战车上的女神也被称为“和平女神”。

勃兰登堡门 

外文名称：Brandenburger Tor
建造年代：1788年
高度：26米
位置：德国柏林菩提树大街与6月17日大街交汇处

科隆大教堂

德国

科隆大教堂位于德国西部的北莱茵－威斯特法伦州，全名为查格特·彼得·玛丽亚大教堂，是欧洲北部最大、塔尖最高的教堂之一，也是中世纪哥特式宗教建筑艺术的代表作，与巴黎圣母院和罗马圣彼得大教堂并称为欧洲三大宗教建筑。

1248 年，法国建筑师凯尔·哈里特受邀设计建造科隆大教堂。然而，由于历次战争的阻隔，特别是"三十年战争"和"百年战争"两次漫长的宗教战争，建筑工程时断时续。一直到 19 世纪 60 年代，普鲁士王国强盛，财力雄厚，同时极欲表现自己的强国地位，下定决心要在原教堂的基础上建一座世界最高的教堂。1880 年，由两座高塔为主门，内部以十字形为主体的科隆大教堂建筑群正式落成，工程规模浩大，至今仍保存着大量设计图，建造工程前后跨越六个多世纪，堪称世界之最。

科隆大教堂建筑面积 6000 多平方米，北塔高达 157.38 米，南塔高达 157.31 米。中央大礼拜堂穹顶高 43 米，中厅部跨度为 15.5 米，是目前尚存的最高的教堂中厅。

教堂顶上一共安置了 12 口钟，最早的是 3.4 吨重的三王钟，最大的钟是圣彼得钟，重达 24 吨，直径 3.22 米，被誉为欧洲中世纪建筑艺术的精华。

如此宏大的建筑，设计师既要保证底座地基的稳固，又要体现哥特式建筑所独具的垂直线性效果，于是利用了罗马式大教堂建筑中的拱门设计，建造了有尖角的拱门、肋形拱顶和飞扶壁，帮助立柱共同支撑穹隆式吊顶。

教堂外除了两座高塔外，还有 1.1 万座小尖塔，哥特式风格尽显无疑。教堂正面有三座拱门，门洞很深，一层层由外向内凹陷进去，每一层都有精美的雕刻，包括圣像和天使。

教堂四壁窗户总面积达 1 万多平方米，全装有描绘圣经人物的彩色玻璃，被称为法兰西火焰式，使教堂显得更加庄严。

科隆大教堂 

外文名称：Kolner Dom
建造年代：1248年
高度：157.38米
位置：德国北莱茵-威斯特法伦州科隆市市中心

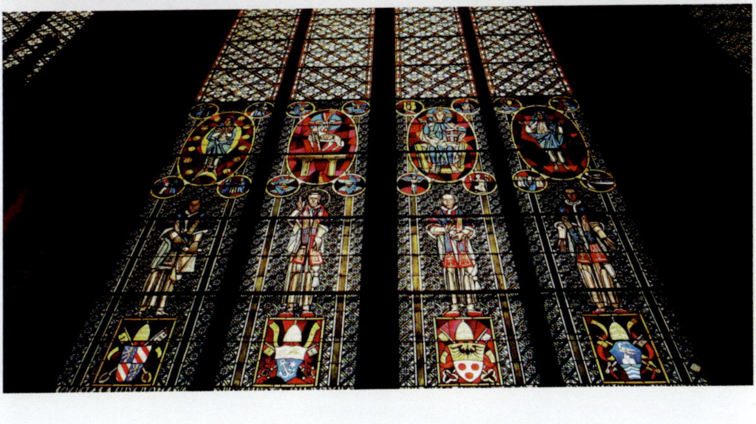

德国国会大厦

德国

德国国会大厦全称为帝国国会大厦大会场，位于德国首都柏林中心区的蒂尔加藤区。整座建筑体现了古典式、哥特式、文艺复兴式、巴洛克式和现代主义的多种建筑风格，是德国统一的象征，其屋顶的穹形圆顶也是十分受欢迎的游览胜地。

德国国会大厦始建于1884年，由德国建筑师保罗·瓦洛特设计，采用古典主义风格，最初为德意志帝国的议会。二战中，大厦遭到严重破坏，中央穹顶被毁。1961年至1971年间，大厦按照保罗·鲍姆加滕的设计方案重建。1990年，国会大厦被定为德国联邦议院所在地。

几经战火，旧国会大厦已是残缺不全，为了改变这一状况，德国政府举办国际竞标，最终英国建筑师诺曼·福斯特爵士的方案中标。

1994年至1999年，在保护旧建筑整体外观的基础上，诺曼根据新的功能需要对建筑空间、结构等进行了更新设计，采用新的钢结构体系，在原中央穹顶的位置重建了一个钢结构支撑的玻璃穹顶，并设置了螺旋形坡道引导游客到达观景平台。

穹顶顶部安装了 100 多块太阳能光伏电池板，为驱动通风装置和遮阳百叶提供电能。内部的倒锥形玻璃体作为过滤天然采光和引导自然通风的管道，在排出室内废气的同时，通过热交换系统回收余热。

德国国会大厦

外文名称：Reichstagsgebäude
建造年代：1884年
占地面积：13 344平方米
位置：德国柏林中心区蒂尔加藤区

柏林电视塔

德国

柏林电视塔位于德国首都柏林市中心的亚历山大广场和共和国广场之间，是德国最高的、欧洲第四高的建筑物，被视为柏林的经典地标。

柏林电视塔的建造历史可以追溯到 1964 年，当时的民主德国最高领导人决定在正对着西柏林的方向建造一座与斯图加特塔风格相似的电视塔，希望以此向西方阵营的国家展示自己的实力。

在 1965 年至 1969 年间，民主德国的德国邮政在柏林中心建成了这座具有国际风格的电视塔，是民主德国政治上的国家标志。电视塔的主要功能除了用于发

柏林电视塔 

外文名称：Berlin TV Tower
建造年代：1965年
高度：368米
位置：德国柏林亚历山大广场与共和国广场之间

射各种广播和电视信号外，还作为观景塔向市民开放，其中有酒吧、餐厅、咖啡厅、观景台等公共设施。

柏林电视塔高 368 米，比巴黎的埃菲尔铁塔还高出 45 米，其中塔柱高达 248.78 米，重达 26 000 吨，共消耗 8000 立方米水泥。在两百多米的高空有一个钢架结构的球形建筑物，直径 32 米，质量达 4800 吨。圆球内共有七层，使用面积有 5000 平方米，可容纳最多 320 人用餐或举办活动。

观景平台楼上是旋转酒吧，30 分钟自转一周，游客可以在此看到大半个城市的景观，将国会大厦、勃兰登堡门、柏林主火车站、奥丽匹克体育场、博物馆岛、波茨坦广场等景点尽收眼底。

电视塔球体表面覆盖有 60 面稍有棱角但不产生折射光线的玻璃窗，在阳光的照耀下闪闪发光，从柏林城内的任何一个街区都能看见，犹如柏林的灯塔。球体上方是一根高大的、红白相间的电视发射天线。

新天鹅城堡

德国

新天鹅城堡，别名新天鹅堡、新天鹅石城堡，位于德国巴伐利亚州西南方的菲森镇，靠近霍恩施万高城，距离巴伐利亚首府慕尼黑直线距离约 90 公里，是一座 19 世纪的浪漫主义骑士城堡，也是迪士尼乐园中睡美人城堡的原型。

作为路德维希二世的私人住宅和对中世纪浪漫主义的致敬，新天鹅城堡在流行文化中有着重要地位，并因其独特的设计、壮丽的景色和城堡主人路德维希二世富有悲剧色彩的历史而闻名。

在中世纪，德国巴伐利亚西南方建有四座古堡。到了 19 世纪时，这些古堡已经是一片废墟。路德维希二世的父亲马克西米利安二世在其中一座城堡的原址上建造了一座高天鹅城堡。路德维希二世继位后，他的统治和感情生活可谓是一系列悲剧。在普奥战争失败后，他彻底远离尘嚣，开始沉迷于创造自己的童话世界，在高天鹅城堡的基础上上重修了一座童话城堡，也就是后来的新天鹅城堡。

新天鹅城堡的设计灵感来源于理查德·瓦格纳的歌剧《罗恩格林》，建造在阿尔卑斯山脉千米高的山崖上，俯瞰着美丽的霍恩施万高湖，周围是壮丽的自然风景。城堡与天然景观合二为一，得以在四季呈现出不同的梦幻风貌。

新天鹅城堡的内部最能体现路德维希二世的设计思想——梦幻与绚丽。城堡的内部装饰充满了路德维希二世喜欢的极其奢华的巴伐利亚风格，充斥着神话、寓言和白天鹅的元素。日常用品、帷帐、壁画甚至盥洗室的水龙头都装饰着天鹅形状。城堡内随处可见典型的哥特式建筑细节，而所有门窗、列柱和回廊则呈现巴洛克风格，具有浓厚的中世纪风情。

另外，路德维希二世在城堡中还专门为瓦格纳建造了一座歌剧演唱厅，舞台布景是格林兄弟的童话故事，装饰得金碧辉煌、奢华灿烂。

新天鹅城堡 

外文名称：Schloss Neuschwanstein
建造年代：1869年
占地面积：6.5万平方米
位置：德国巴伐利亚州菲森镇

无忧宫

德国

无忧宫是在1745年1月13日，由普鲁士国王腓特烈大帝下旨建造的一座皇室行宫，后经过扩建与改造，形成了如今著名的浪漫主义宫殿。它位于德国波茨坦市北郊，模仿法国凡尔赛宫而建，为当时德国建筑艺术的精华，具有出色的建筑设计价值和丰富的人文价值。

整个无忧宫及园林面积为90公顷，因建于一个沙丘上，故又称“沙丘上的宫殿”。它的建筑风格受到了中世纪和文艺复兴时期的影响，拥有壮观的外观和华丽的内部装饰。宫殿下方的一座被绿植覆盖的梯形露台和巴洛克风格的观赏公园，更使其声名远扬。

无忧宫正殿中部为半圆球形顶，两翼为长条锥脊建筑，主楼采用了巴洛克式建筑风格，外观宏伟壮观。宫殿中央的部分往前突起，呈圆弧状，屋檐上刻有SANS SOUCI字样。宫殿内部有许多房间和大厅，包括王后的卧室、国王的卧室、

音乐厅和宴会厅等。

整座宫殿内有 1000 多座以希腊神话人物为题材的石刻雕像，比如柱子突出的外墙上，就刻有各种体态的女人雕像，每个雕像都做出往上撑着屋檐的姿态，下半身则是波浪状的裙子，再往下则逐渐破碎消失。

宫殿下方的花园以其开阔的草坪、壮观的喷泉和迷人的花坛而闻名。通往花园的是六个宽阔的梯形露台，这些露台以台阶为中心向外微弓。承重墙的墙面被更换，取而代之的是来自葡萄牙、意大利和法国的单株葡萄藤。露台的前端被绿色草坪覆盖，并种植了紫杉树和灌木进行分割。

从 1748 年开始，花园的正中心建起了一个带有喷泉的蓄水池，周围伫立着用大理石雕刻而成的各种罗马神话人物，如美神维纳斯、商业神墨丘利、太阳神阿波罗等。

无忧宫 

外文名称：Sanssouci Palace
建造年代：1745年
占地面积：90万平方米
位置：德国波茨坦市北郊

柏林博物馆岛

德国

柏林博物馆岛伫立着五座博物馆和一座画廊，分别是柏林老博物馆、新博物馆、国家美术馆、博德博物馆、佩加蒙博物馆和詹姆斯·西蒙画廊，其中以佩加蒙博物馆所收藏的大型古代建筑物部分最负盛名，它们不仅是德国博物馆届的翘楚，更是欧洲最大的文化投资项目之一。

1797 年，普鲁士国王腓特烈·威廉二世决定在柏林施普雷岛上建造一座博物馆，以展出古代和新时代的艺术珍宝。1830 年，由建筑设计师卡尔·弗里德里希·申克尔设计的博物馆岛上的第一座建筑（现为柏林旧博物馆）建成，紧临柏林大教堂，典型的圆形屋顶和巴洛克式建筑外观，让里面的展品呈现出一种神秘复古的气氛。到了 19 世纪 70 年代末，这块区域才被正式命名为“博物馆岛”。

然而，这组经过百年历史建造完善起来的博物馆群体建筑在二战中遭到了严重损毁，直到二战结束、两德统一后，人们才斥巨资完成了修复和重建工作。詹姆斯·西蒙画廊于 2019 年开放展览，被添置进岛内建筑中，并作为整个博物馆岛

的中央入口使用。

岛上的五座博物馆分别建于 19 世纪初到 20 世纪初，每座博物馆均由不同的方案设计而成，有巴洛克式、罗马式、现代主义等多种风格，形态各异，却又和谐统一，组成了一个有机的艺术整体。施普雷河从两侧流过，使它们的气势更加宏伟磅礴。

柏林博物馆岛的设计和修建是将想象变为实体的最好例证，也是一种理想的实现，展示了 20 世纪博物馆设计方式的变革。各个博物馆的设计都旨在使其艺术藏品之间建立起有机联系，而各建筑的规划和优美程度又大大地提升了馆中藏品的价值。

1999 年，根据世界文化遗产遴选标准（ii）、（vi），柏林博物馆岛被联合国教科文组织世界遗产委员会批准作为文化遗产列入《世界遗产名录》。

柏林博物馆岛

外文名称：Museum Island
建造年代：1830年
占地面积：8.6万平方米
位置：德国柏林市施普雷岛北端

亚琛大教堂

德国

亚琛大教堂位于德国最西部的城市亚琛市，邻近比利时、荷兰边境，又名巴拉丁礼拜堂、阿亨大教堂，是德国现存加洛林王朝建筑艺术最重要的范例之一，也是著名的朝圣地。无论是在建筑史还是在艺术史上，它都具有非凡意义。在长达六百多年的岁月中，亚琛大教堂一直是德国国王加冕以及多次帝国国会和宗教集会的所在地。

亚琛大教堂修建于公元790年到公元800年的查理曼大帝时代。设计师将欧洲晚期古典主义建筑艺术和拜占庭建筑艺术融合一体，使得教堂整体结构呈长方形，屋顶为拱形，外部有许多高耸的尖塔，门洞四周环绕着数层浮雕和石刻。

整座教堂由三个不同风格的建筑组成，即带有钟楼的门厅部分、呈八角形的中庭建筑和哥特式的唱诗班堂。建筑风格极具宗教文化色彩。核心建筑夏佩尔宫的八角形构造是模仿意大利圣维塔尔教堂建造的，融合了拜占庭式和哥特式建筑风格的精髓，是加洛林时期文艺复兴的代表性建筑。

教堂内部结构以日耳曼式圆拱顶为主要特色，用色彩斑斓的石头砌成，并用古典式圆柱为装饰。教堂大门和栅栏则为青铜式建筑，也是现存加洛林王朝唯一的青铜制品，风格古典。

亚琛大教堂 

外文名称：Aachener Dom
建造年代：790年
高度：31米
位置：德国西部亚琛市

西班牙著名建筑

西班牙是一个历史悠久、文化多元的国家，其建筑风格多样，建筑历史可以追溯到古罗马时期。随着历史的发展，西班牙的建筑风格不断演变，经历了许多重要的时期，形成了多种风格。

在古罗马时期，西班牙是罗马帝国的一部分，建筑风格多为罗马式建筑，采用石头、混凝土和砖石等材料建造，具有宏伟的规模和精美的细节，如大剧院、浴场、神庙和防御工事等。

摩尔人时期，西班牙地区出现了许多以华丽的装饰和富丽堂皇的设计著称的阿拉伯建筑，如阿尔罕布拉宫、塞维利亚大教堂、科娃多瓦大清真寺等，阿拉伯文化正逐步影响着西班牙的建筑风格。

到了中世纪和文艺复兴时期，欧洲盛行的哥特式建筑和新古典主义建筑流入西班牙，形成了具有西班牙特色的新式建筑，代表作包括塞维利亚的皇家宫殿、马德里的艺术宫和格拉纳达的卡洛斯五世宫等。

到了近现代，西班牙的建筑开始走向现代化，涌现出了一批富有才华的建筑师，他们注重结构和空间的创新，将古典与现代融合，创造出了一批独特的现代建筑作品，比如巴特罗之家、圣家族大教堂和巴伦西亚科学城等。

◆圣家族大教堂

◆巴伦西亚科学城

马德里皇宫

西班牙

马德里皇宫是波旁王朝代表性的文化遗迹，被誉为仅次于凡尔赛宫和维也纳美泉宫的欧洲第三大皇宫，同时也是世界上保存最完整且最精美的宫殿之一。

马德里皇宫是在费利佩五世的命令下，于 1738 年在曼萨莱斯河左岸山岗上的一个阿拉伯城堡的基础上建造而成，历时 26 年才完工。

马德里皇宫全部用石头和砖建造，中间有一个大院子，外观呈正方形结构，每边长 180 米，具有巴洛克式风格。其对面是西班牙广场，正中央立着文艺复兴时期著名的西班牙文学大师、《堂·吉诃德》的作者——塞万提斯的纪念碑。

马德里皇宫内部装潢是意大利新古典主义风格，历代国王都会根据自己的喜好对皇宫进行装饰，使得皇宫带上了浓厚的时代印记。在西班牙大理石、镀金灰泥、桃花心木的装饰下，皇宫显得富丽堂皇。宫内还藏有无数的金银器皿和绘画、瓷器、壁毯及其他皇室用品。宫内还有著名景点如帝王厅、镜子厅、卡洛斯三世国王房间和绘画长廊等。

马德里皇宫

外文名称：Palacio Real de Madrid
建造年代：1738年
占地面积：135 000平方米
位置：西班牙马德里市中心西部Bailén街

圣家族大教堂

西班牙

圣家族大教堂简称圣家堂，是位于西班牙加泰罗尼亚巴塞罗那的一座罗马天主教大型教堂，始建于 1882 年。由于教堂结构特殊，且仅靠个人捐赠和门票收入维持建设，建造难度较大，至今仍未彻底完工。

为了巩固罗马天主教在巴塞罗那日渐式微的地位，巴塞罗那书商、圣徒约瑟夫宗教协会的创始人约瑟夫·玛利亚·博卡贝拉提出修建圣家族大教堂，并于 1874 年开始宣传筹备圣家堂的建设。

1883 年，西班牙建筑师安东尼奥·高迪接手后，对圣家族大教堂的原有设计作出了彻底的调整，将哥特式风格、新艺术运动的风格与自己的建筑设计风格融合在一起。后来又有多位建筑师参与到圣家族大教堂的设计中来，使得圣家族大教堂的风格十分杂糅但又不失统一，独特的结构和外观使其成为巴塞罗那的地标性建筑。

圣家族大教堂外观表现为一座不对称的哥特式教堂，平面呈矩形，立面为不规则多柱形，18 座高塔如同树干一样从下往上逐渐变细，每个塔尖上都有 12 星座的标志。立面分为 3 个，即东侧的诞生立面、西侧的受难立面和南侧的荣耀立面，

每个立面上都有大量精美细致的雕刻，述说着不同的故事。

教堂主体结构由 5 座殿堂和 3 座侧翼殿堂组成，整体呈现为拉丁十字架式，十字架的交汇处是 4 根斑岩立柱，支撑起了巨大的双曲面结构。教堂中央的弧顶高达 60 米，半圆形后殿上另有一个高至 75 米的双曲面穹顶，十分壮观。

圣家族大教堂

外文名称：Sagrada Família
建造年代：1882年
高度：170米
位置：西班牙加泰罗尼亚巴塞罗那

阿尔汉布拉宫

西班牙

阿尔汉布拉宫又译阿尔罕布拉宫、艾勒哈卜拉宫，位于西班牙安达卢西亚自治区的格拉纳达省省会格拉纳达市，坐落在城区东面的小山上。它是中世纪摩尔人在西班牙建立的格拉纳达王国的王宫，有“宫殿之城”和“世界奇迹”之称。

阿尔汉布拉宫始建于13世纪阿赫马尔王及其继承人统治期间，由奈斯尔王朝的缔造者穆罕默德一世于1238年发起建造。它是伊斯兰艺术在西班牙的瑰宝，融合了穆斯林、犹太教和基督教的风格。

宫殿占地约35英亩（约合141 639平方米），四周有高厚的城墙和数十座城楼环绕。围墙东西长200米，南北长200米，高30米。

宫中主要建筑被划分为行政场所、活动仪式场所、王族居所三大部分。其中，有一座建筑名为桃金娘宫院，它是阿尔汉布拉宫最重要的社交聚集地，也是外交和政治活动的中心。桃金娘宫院长42.6米，宽22.5米，中央有大理石铺砌的大水池，南北两侧是由大量圆柱构成的柱廊，柱子上都雕刻着精美无比的图案。

另一个比较著名的宫院是狮子厅，它是苏丹家庭的中心，长 35.3 米，宽 20 米，周围以 124 根大理石圆柱环绕，屋顶上饰有金银丝镶嵌的精美图案，中庭有 12 只白色大理石狮子托起一个大喷泉，是君权和胜利的象征。

阿尔汉布拉宫 

外文名称：Alhambra Palace
建造年代：公元13世纪
占地面积：141 639平方米
位置：西班牙格拉纳达省格拉纳达市

塞哥维亚城堡

西班牙

塞哥维亚城堡位于西班牙塞哥维亚城的西端，矗立在靠近瓜达拉马山脉的埃雷斯马河和克拉莫雷斯河交汇处的岩石峭壁上，因其形状像船头而成为西班牙最独特的城堡宫殿之一。

塞哥维亚城堡的前身是一座西多会修道院，后来在阿方索六世建造塞哥维亚城后不久开始建造，最初是专门用作皇族狩猎的住所。在建造初期，欧洲建筑发展正处于从罗马式向哥特式过渡的阶段，因此，塞哥维亚城堡的建筑样式较多地体现了颇具西班牙特色的哥特建筑风格。到了文艺复兴时期，城堡的内部又经过了精心的改建，变得更加富丽堂皇。

在经过几个世纪的改建后，塞哥维亚城堡逐渐变成了一座军事堡垒。它临崖而建，拥有绝佳的视野，入口处还有 10 多米深的护城河。城堡中设置了许多防御系统，如城墙上的十字架球形箭眼和城垛枪眼等。

现在的塞哥维亚城堡外观狭长，看上去犹如一条航行的船只，而高耸的塔楼便是船帆。城堡北部的一系列塔楼称为效忠塔，其他大多数建筑为方形，中心地

带筑有加强防御工事的主堡，也是居住在这里的贵族家族成员的主要活动场所。

蓝色的屋顶是塞哥维亚城堡的特色之一，采用附近河流里的一种片岩为材料，这种片岩在光线下会产生金属般的光泽，据说是迪士尼城堡的灵感来源之一。

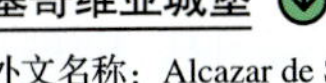

塞哥维亚城堡

外文名称：Alcazar de Segovia
建造年代：公元12世纪
建造者：阿方索六世
位置：西班牙塞哥维亚城西端

科尔多瓦清真寺

西班牙

科尔多瓦清真寺又称科尔多瓦大清真寺、科尔多瓦大教堂，位于西班牙科尔多瓦市的历史中心，是西班牙伊斯兰教最大的神圣建筑之一，于1984年被列入了《世界遗产名录》。

公元8世纪，摩尔人征服了西班牙，在科尔多瓦建造了三百多座清真寺以及大量宫殿和公共建筑。公元786年前后，白衣大食王国国王阿卜杜勒·拉赫曼一世想要使科尔多瓦成为与东方匹敌的伟大宗教中心，于是在罗马神庙和西哥特式教堂的遗址上修建了科尔多瓦清真寺。后来经过多次扩建，科尔多瓦清真寺的建筑面积越来越大，装饰越来越丰富，但建筑风格和特色并没有变化，依旧是具有摩尔建筑和西班牙建筑的混合风格。

清真寺平面为长方形，长180米，宽130米，巍峨雄伟，主要分为宣礼楼、桔树院、礼拜正殿、圣墓等几部分。北面大殿为主要建筑，东西长126米，南北宽112米，外观宏伟，装饰也极豪华，由斑岩、碧玉和各种颜色的大理石石柱构筑而成。

殿内装饰华丽，按南北轴线方向排列有间距不到 3 米的柱子共 850 根，将正殿分成南北 19 行，每行各有 29 个拱门的翼廊。柱子为古典式，高 3 米，向上支撑着用红砖和白云石交替砌成的两层重叠的马蹄形拱券，天花板上平贴着木制板。

西班牙占领科尔多瓦后，于 1236 年将科尔多瓦清真寺改为天主教大教堂，象征着伊斯兰教的殿堂被封闭。16 世纪初，阿隆索·曼里克主教主持清真寺的改建工程，正殿中的石柱和拱门近三分之一被毁，在此基础上建起了一座文艺复兴式的大教堂，包括主座堂、王家小礼拜堂、唱诗班等几部分，使其成为一座使伊斯兰教文化与基督教文化并存的特殊建筑物。

其中的威拉威斯克萨小教堂独具特色，大厅内装饰有大量精心镶嵌的花叶图案、彩色圆屋顶及彩色玻璃窗，中心有装饰华丽的壁龛，顶部则是在西班牙建筑中很重要的卡里费奥式拱顶，显得繁复而又精美。

科尔多瓦清真寺

外文名称：Great Mosque of Córdoba
建造年代：公元786年
占地面积：2.34万平方米
位置：西班牙科尔多瓦历史中心

巴伦西亚科学城

西班牙

巴伦西亚科学城建在西班牙巴伦西亚城中心与海岸之间的图里亚河河床上，由世界上最著名的创新建筑师之一圣地亚哥·卡拉特拉瓦设计，是后现代主义建筑的典范。

巴伦西亚科学城占地面积极广，包含科学博物馆、海洋世界、歌剧院、公园等，不过其最著名的建筑仅由 3 个部分组成，分别是天文馆、菲利佩王子艺术科学宫和索菲娅王后大剧院。这 3 个部分据说是设计师以动物骨骼、鸟类的羽毛、甲壳类动物的外壳为灵感创造的，均坐落在一个碧蓝色的大水池中，在阳光的照耀下显出一种流动的未来感。

天文馆外观为球形，整体被覆盖在一个透明的拱形罩下，罩长 110 米，宽 55.5 米，为混凝土和玻璃结构。在罩尖端的两侧有可以向上开启的玻璃大门，仿佛一张一

合的眼帘，又形似一只巨大的海洋生物正在张口呼吸，极具设计感。天文馆的地坪设在地面以下，游客可通过一条下沉的廊道进入，廊道里设有售票厅、餐馆及其他服务设施。

天文馆的一侧是索菲娅王后大剧院，设计师圣地亚哥·卡拉特拉瓦使用闪闪发光的砖块覆盖了整个大剧院的表面，使其外表如同悉尼歌剧院一样能在白天和夜晚发光。而且剧院独特的造型和仿佛正在向上开启的顶拱，使其看上去像是一艘远航的宇宙飞船，正面仰望十分震撼。

索菲娅王后大剧院的内部有 4 个表演区，能表演交响乐、芭蕾和戏剧等，也可作为露天演出场所，能同时容纳 4000 名观众。

菲利佩王子艺术科学宫采用了一种截面横向按照模数重复发展的结构形式，长 241 米，宽 104 米。5 个混凝土树状结构一字排开，支撑着屋顶与墙面的连接处，同时容纳了竖向交通与服务管线。建筑两端是对称的，由一系列三角形斜拉构件组成。

巴伦西亚科学城

外文名称：City of Arts and Sciences
建造年代：1996年
占地面积：35万平方米
位置：西班牙巴伦西亚城

毕尔巴鄂古根海姆博物馆

西班牙

毕尔巴鄂古根海姆博物馆位于西班牙毕尔巴鄂旧城区边缘、内维隆河南岸，与邻近的美术馆、德乌斯托大学及阿里亚加歌剧院共同组成了毕尔巴鄂城的文化艺术中心，现已成为欧洲最负盛名的建筑圣地与艺术殿堂之一。

该博物馆自 1991 年开始设计，由著名建筑师弗兰克·盖里牵头，竣工于 1997 年。这座博物馆继承了盖里反叛性的设计风格，采取了拼贴、混杂、并置、错位、模糊边界、去中心化、非等级化、无向度性等各种手段，造就了这座建筑引人注目的奇特外形。

它由数个不规则的流线型多面体绕着一个中心轴旋转组成，这些碎块有的是规则的石建筑，有的则是覆以钛钢和大型玻璃墙的弧形体，造型飘逸。上面覆盖着 3.3 万块钛金属片，耗用了 5000 吨钢材，在光照下熠熠发光，与波光粼粼的河水互相呼应，仿佛一件抽象派的艺术品。

在建筑内部，中心轴是一个扣着金属穹顶的空旷的中庭，光线可以透过玻璃墙照进博物馆内，围绕着这个中心，一个由曲折的走道、玻璃电梯和楼梯组成的

系统把 19 个大小、形状不一的画廊连接在一起。

当游客从入口进入中庭时，就能清晰地感受到建筑物曲面层叠起伏、光影明灭不定的冲击感。随着日光入射角的变化，建筑的各个表面和内部结构都会产生不断变动的光影效果，形成一种具有流动性的生命力，与大体量建筑本身既形成反差又和谐统一。

毕尔巴鄂古根海姆博物馆 

外文名称：The Guggenheim Museum of Bilbao
建造年代：1997年
占地面积：2.4万平方米
位置：西班牙毕尔巴鄂

比利时著名建筑

比利时拥有悠久的历史和多元的文化传统，这些因素共同塑造了该国的艺术和建筑风格，使其以独特而丰富的艺术和建筑遗产而闻名于世。

在中世纪，比利时是欧洲宗教艺术的重要中心之一，教堂和修道院中的壁画、雕塑和彩绘玻璃窗展现了该国工匠精湛的建造技艺。哥特式建筑在当时盛行于比利时地区，如布鲁塞尔大广场上的市政厅和布鲁日的圣母教堂等，是中世纪艺术的杰作。而一些地标性遗产如布鲁塞尔大广场、布鲁日历史中心等，也展现了比利时在中世纪和文艺复兴时期的建筑成就。此外，佛兰德地区的威尼斯风格建筑也是其历史建筑风格的代表。

19 世纪末到 20 世纪初，比利时进行了一场新艺术运动，建筑风格开始注重装饰，受自然植物启发的“鞭绳”线条在建筑和室内设计中广泛应用。此外，建筑开始应用暴露式钢结构和玻璃幕墙，体现了对现代建筑技术的探索。进入 20 世纪后，比利时的建筑展现了多样性和创新性，融合了传统与现代元素，体现了该国在艺术和建筑领域的深厚底蕴及当代的新发展。

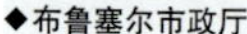

◆布鲁塞尔市政厅

◆原子球博物馆

布鲁塞尔皇宫

比利时

布鲁塞尔皇宫是比利时王室的宫殿，坐落在比利时首都的布鲁塞尔公园旁，被称为布鲁塞尔最美丽、最雄伟的建筑之一，是比利时国王行使国家元首特权、接见客人和处理国家事务的地方。

这里在中世纪时期就已有宫殿，但被法国人摧毁。现今所见的建筑是在 1695 年重建的，并于 1820 年开始使用。1904 年，皇宫外表又经过翻新后重建，形成了如今的路易十六式风格。

布鲁塞尔皇宫被视作比利时国家的迎宾楼，名义上是比利时王室的官邸，但国王和王后并不住在这里，只作为国家的政府机构使用。

皇宫外墙四面皆是巴洛克建筑风格，布满了大理石的建筑浮雕，气势宏伟、壮观。皇宫内部参照法国凡尔赛宫的式样装饰，有大量的壁画、水晶灯饰，设有华丽的宴会厅、高雅的接待室，摆放着珍贵的艺术品、古老的家具和精美的各式地毯。

布鲁塞尔皇宫

外文名称：Royal Palace of Brussels
建造年代：1695年
占地面积：33 000平方米
位置：比利时布鲁塞尔市布鲁塞尔公园旁

布鲁日历史中心

比利时

布鲁日历史中心位于以往欧洲的重要贸易中心和文化中心。有“北方威尼斯”、“佛兰德珍珠”等美称的比利时布鲁日市，是典型的中世纪古城，保留着浓厚的中世纪风貌，保存着大量数世纪前的建筑。

布鲁日地理位置优越，中世纪时曾经是欧洲著名的港口城市和商埠。城中的建筑横跨中世纪到近现代，包括哥特式、巴洛克式、拜占庭式、罗马式以及弗拉芒式的建筑风格。著名建筑有布鲁日的总教堂圣救世主教堂、拥有全欧洲最高钟楼之一的圣母教堂、哥特式复兴的主要建筑圣马德莲教堂、18 世纪末期的古典式建筑代表邓恩修道院、市政部门所在地法兰克宫以及圣让医院等。

布鲁日历史中心

外文名称：Historic Centre of Brugge
建造年代：公元9世纪
占地面积：约430公顷
位置：比利时布鲁日市

2000 年，根据世界文化遗产遴选标准（ii）、（iv）、（vi），布鲁日历史中心被联合国教科文组织世界遗产委员会批准，作为世界文化遗产列入《世界遗产名录》。

圣米歇尔教堂

比利时

圣米歇尔教堂全称为圣米歇尔及圣古都勒大教堂，是一座哥特式大教堂，始建于 1047 年，是在原有的圣米歇尔小教堂的基础上建成的。1226 年，人们开始对教堂进行规模宏大的扩建，这一工程一直持续了两个半世纪才完成。

教堂正立面有两座高达 69 米的对称塔楼，采用了罕见的火焰式哥特风格，浮雕简洁大气。南塔楼悬挂着皇家铸钟厂制造的 49 个排钟。

教堂内部长 110 米，高 26 米，中殿立柱上装饰着耶稣十二门徒的雕像。教堂内壁装饰着文艺复兴时期历代君主的肖像，交叉的走廊北侧是查理国王夫妇的画像，南侧则是路易二世夫妇的画像。祭坛的右侧设有米歇尔大天使的雕像，左侧则是圣女丘德尔的雕像，栩栩如生。教堂的木质布道讲坛上雕刻了亚当和夏娃偷尝禁果后被逐出伊甸园的场景，旁边的雕刻则展现了圣母玛利亚的救赎。

圣米歇尔教堂 

外文名称：St-Michiels en St-Goedelekathedraal Brussel
建造年代：1047年
高度：69米
位置：比利时布鲁塞尔市圣古都勒广场

布鲁塞尔大广场

比利时

布鲁塞尔大广场位于比利时首都布鲁塞尔市中心，始建于12世纪，是欧洲最美的广场之一，1998年，联合国教科文组织将布鲁塞尔大广场作为文化遗产列入《世界遗产名录》。

布鲁塞尔大广场成型于12世纪，在13世纪时周围增添了面包店、布店和肉店等商店，生活气氛浓厚。15世纪初，广场建筑发生了显著变化，布鲁塞尔市政厅建成。几个世纪以来，大广场几经变革，却一直是布鲁塞尔举行重要活动的地方，中世纪时皇帝和贵族还会在此祭祀、举办比武大会等。

广场地面用花岗石铺就，呈长方形，长110米，宽68米。广场周围保存有许多珍贵的中世纪建筑，包括中世纪所建的哥特式、文艺复兴式、路易十四式等建筑风格，充满了独特的中欧艺术风情。

广场一侧有一座5层的建筑物，这是著名的天鹅咖啡馆，又名天鹅餐厅，曾是马克思和恩格斯当年居住和工作过的地方，因门上饰有一只振翅欲飞的白天鹅而得名。

天鹅咖啡馆是马克思和恩格斯共同创建共产主义通信委员会和德意志工人协会的重要活动场所，在他们迁居期间，马克思写出了著名的《哲学的贫困》并和恩格斯共同完成了《共产党宣言》等作品。

天鹅咖啡馆的左侧是法国著名作家维克多·雨果的公寓，附近还有一座大楼，原是法国国王路易十四的行宫，现已改为博物馆。

大广场的右侧是雄伟恢宏的布鲁塞尔市政厅，外观表现为典型的哥特式建筑风格。市政厅始建于 1402 年，中央尖塔高约 91 米，塔顶有一尊高 5 米的布鲁塞尔城的守护神圣米歇尔的雕像。

市政厅内部装修十分精美，天花板上绘制有美妙绝伦的图案，栏杆花纹雕刻精细，雪白色的大理石楼梯蜿蜒而上。走廊里布满五彩缤纷的壁画，包括比利时的君主像、曾经统治过布鲁塞尔的西班牙、荷兰、法国等国的国王画像以及拿破仑的画像等。

布鲁塞尔大广场

外文名称：Grand Place Brussels
建造年代：公元12世纪
占地面积：3400平方米
位置：比利时布鲁塞尔市中心

原子球博物馆

比利时

原子球博物馆是比利时现代化的标志性建筑，是在 1958 年为举办万国博览会而专门设计建造的。博览会闭幕后，展品被拆除，只有原子球博物馆原封未动，并成为布鲁塞尔的三大著名景点之一，被誉为布鲁塞尔的“埃菲尔”。

原子球博物馆由建筑师昂·瓦特凯恩设计，高达 102 米，总重 2200 吨，由 9 个空心金属球体组成。每个巨大的镀铝金属圆球象征一个原子，圆球与圆球之间严格按照铁晶体的体心立方结构组合在一起，构成的就是一个放大 1650 亿倍的正方体铁原子晶体。

其中，8 个圆球位于正方体的 8 个角，另一个圆球位于正方体的中心，圆球直径 18 米，每个圆球表面都是用 5800 块三角弧形铝片焊接而成。连接各个球间的钢管每根长 26 米，直径 3 米。

最高的球体顶部离地面 102 米，在阳光的照耀下银光闪烁，气势宏伟。游客可以乘坐电梯到达顶端的圆球观赏布鲁塞尔的风景，这里的四周有一圈固定的钢化有机玻

璃窗，并设有多架望远镜。此外，还设有可供 140 人就餐的餐厅和小商场。而到了夜晚，每个圆球外面的 9 圈灯泡会交替发光，点缀着布鲁塞尔的夜景。

原子球不仅是旅游中心，同时也是科普场所。除了顶端圆球用作观景台之外，其他圆球内部都是各种主题的科技展览厅，分别陈列有太阳能、和平利用原子能、航天技术、天文等方面的展品，以及有关比利时气象事业的发展史、卫星气象、气象雷达、气象通信方面的图表。游客在观赏结束后可从顶端圆球下来，沿球间斜行的金属管道可依次下到其他各球。

设计师选择用这座庞大的建筑来展示原子结构的微观世界，既表达了人们对发展原子能美好前景的展望，也象征着人类进入了科学、和平、发展和进步的新时代。并且，当时的欧共体共有 9 个会员国，比利时又刚好有 9 个省，因此原子球塔的造型也是比利时和欧共体的象征。

原子球博物馆

外文名称：Atomium
建造年代：1958年
高度：102米
位置：比利时布鲁塞尔西北郊易明多市立公园

丹麦著名建筑

丹麦位于欧洲北部，首都是哥本哈根，位于欧洲北部波罗的海至北海的出口处，总面积为 43 096 平方公里，海岸线长达 7314 公里，是西欧、北欧陆上交通的枢纽，被称为“西北欧桥梁”。

丹麦建筑风格体现了从古典到现代的演变，融合了功能主义、极简主义和现代主义的特点，以其功能主义、极简主义和人文关怀的特点，在全球建筑界占有一席之地。

丹麦建筑设计注重以人为本，追求艺术与功能的完美结合，考虑到人的需求，追求简单结构与舒适功能的完美结合，使得设计不仅美观，而且实用。这种建筑设计特点既是地理环境、气候和自然资源相互作用的结果，也与历史、文化和民族传统息息相关。

无论是从古典主义到现代主义的演变，还是注重设计与功能的完美结合，丹麦建筑都展现了一种独特的美学和实用性，使其成为现代建筑设计的重要参考。

◆罗斯基勒大教堂

◆哥本哈根港口民居

圆塔

丹麦

圆塔是丹麦哥本哈根三一教堂的一部分，最初建造是为了给当时的学者提供一个天文台。圆塔与相邻的哥本哈根大学图书馆和圣母教堂一起构成了哥本哈根老城区最独特的一道风景线。

17 世纪，天文学蓬勃发展，国际间对殖民地的争夺促进了精准的航海和天文技术的发展，许多天文台纷纷建立。圆塔带着天文观测的使命于 1637 年破土动工，于 1642 年竣工，它是建筑师汉斯·范·斯汀维克（Hans van Steenwinckel the Younger）应国王克里斯蒂安四世的要求而设计的。

圆塔主要由两部分组成：圆塔本身和教堂钟楼。它既是教堂的正门，又被用作天文观测台，同时还是建造在巨大教堂顶楼的大学图书馆的入口。圆塔直径 15 米，塔内有一条独特的螺旋走廊，全长 209 米，围绕着中空的圆塔七圈半，直通 34.8 米高的圆塔塔顶。圆塔作为天文台和图书馆一直由哥本哈根大学使用至 1861 年。

圆塔

外文名称：Rundetårn
建造年代：1637年
高度：34.8米
位置：丹麦哥本哈根市 Krystatgade街道以北300米

厄勒海峡大桥

丹麦

厄勒海峡大桥也称欧尔松大桥，坐落在厄勒海峡之上，连接着丹麦首都哥本哈根和瑞典第三大城市马尔默，是一座世间罕见的行车铁路两用的，由桥梁、人工岛、海底隧道构成的国际跨海大桥，同时也是世界上已建成的承重量最大的斜拉索桥。

厄勒海峡大桥于 2000 年 7 月 1 日正式通车，全长 16 公里。从马尔默出发，海峡中建造了一座人工岛，靠近哥本哈根的一段是铁路与公路合用的海底隧道，将欧洲大陆的中部和北欧的斯堪的纳维亚半岛连成一体。

其中，西侧海底隧道长 4050 米，宽 38.8 米，高 8.6 米，位于海底 10 米以下，由 5 条管道组成，分别是两条火车道、两条双车道公路和一条疏散通道。

中间的人工岛长 4055 米，将两侧工程连在一起。东侧跨海大桥全长 7845 米，上层为四车道高速公路，下层为对开火车道，共有 51 座桥墩，中央桥墩高 200 米，下方有 57 米高的可供船舶通过的空间，保证过往海峡的船只能从桥底顺利通过。桥中间是斜拉索桥，跨度 490 米，高度 55 米。

厄勒海峡大桥之所以会“沉入海底”，主要原因在于传统的跨海大桥构造对于丹麦哥本哈根国际机场运作的影响。为了抵御风浪，跨海大桥必会建成斜拉桥，中间就会有多座桥塔。然而，大桥在丹麦一侧紧邻哥本哈根国际机场，高耸的桥塔会对航班的起降产生重大影响，甚至有可能造成坠机事故。

因此，大桥设计方决定在丹麦一侧采用海底隧道的方法来减小大桥对航班的影响。为了使海上大桥与海底隧道顺利对接，设计团队采用了在海面上建人工岛，让桥梁与人工岛相连，人工岛与隧道相连的方式，从而打造了这一罕见的海上“断桥”奇观。

厄勒海峡大桥

外文名称：Oresund Bridge
建造年代：1995年
长度：16公里
连接城市：丹麦哥本哈根
瑞典马尔默

罗斯基勒大教堂

丹麦

罗斯基勒大教堂，也称为又称罗斯基勒主教座堂，位于丹麦东部西兰岛的罗斯基勒市中心。这座教堂融合了哥特式和罗马式的建筑风格，是丹麦最杰出的建筑精品之一，也是斯堪的纳维亚半岛上第一座砖砌的哥特式大教堂，对此类建筑风格在北欧的传播起到了推动作用。

罗斯基勒作为一座千年古城，从 10 世纪到 1443 年一直是丹麦的首都，也是北欧的宗教中心之一。在中世纪，它被认为是北欧地区最大和最重要的城市之一。当时，在罗斯基勒大教堂周围约修有 14 座教堂和 5 座修道院。

城中最著名的罗斯基勒大教堂始建于 1170 年，直到 15 世纪初才全部完工。教堂主体建筑有两层高，在高坛后设有走廊，高坛的两侧有尖塔和包含 3 个中殿的十字形翼部。教堂总长度为 85 米，到房梁的高度为 24 米，外部用红砖装饰，整体是融合了哥特式和罗马式的建筑风格。

教堂最具特色的两个尖塔是在 1636 年加上去的，走廊和侧面的小礼拜堂则是 19 世纪末增建的。建筑的不断翻新和扩建向人们展示了几个世纪以来丹麦乃至欧洲的宗教建筑风格的发展历程。

教堂内部装饰精细，有许多精美的壁画和雕刻，其中最著名的是弗朗茨·约瑟夫·安格林的《最后的审判》壁画。此外，教堂内部还保存了许多丹麦珍贵的文物和艺术品。

从 15 世纪早期开始，罗斯基勒大教堂成为丹麦王室的皇家陵寝，共有 39 位国王和王后安葬在此，最著名的莫过于曾经统治过丹麦、挪威和瑞典的玛格丽特一世女王。

罗斯基勒大教堂

外文名称：Roskilde Cathedral
建造年代：1170年
高度：24米
位置：丹麦西兰岛罗斯基勒市中心

1995 年，根据文化遗产遴选标准（ii）、（iv），罗斯基勒大教堂被联合国教科文组织世界遗产委员会批准作为文化遗产列入《世界遗产名录》。

瑞典著名建筑

瑞典是位于斯堪的纳维亚半岛的国家，属于北欧五国之一，并且是北欧面积最大的国家，首都是斯德哥尔摩。

瑞典建筑风格是18世纪晚期古斯塔夫三世统治时期瑞典王从法国带回瑞典的，对新古典主义中繁杂的装饰进行了简化，增加了舒适性，更注重对工艺性与市场性较高的大众化的研究与开发。简约、实用、色彩淡雅、材质自然，是瑞典设计的标志性特点。

这些具有瑞典特色的建筑设计强调舒适性和实用性，同时保持了北欧传统古典建筑的美感。例如，斯德哥尔摩市政厅，以其800万块红砖砌成的外墙和设计新颖的造型展现了瑞典建筑的宏伟、壮观。此外，乌普萨拉音乐厅、议会大厅以及珍宝大楼等现代建筑也展现了瑞典建筑在可持续性和创新性方面的追求。

从古老的王宫到现代的办公楼，瑞典建筑展现了从传统到现代的转变，同时也保持了北欧设计的简约和人性化特点。

◆卓宁霍姆宫

◆斯德哥尔摩市政厅

斯德哥尔摩市政厅

瑞典

斯德哥尔摩市政厅是瑞典建筑中的重要作品，位于瑞典首都市中心的梅拉伦湖畔，是斯德哥尔摩的象征和代表，也是该市市政委员会的办公场所。

斯德哥尔摩市政厅由瑞典民族浪漫运动的启蒙大师、著名建筑师拉格纳尔·奥斯特伯格设计，始建于 1911 年，历时 12 年才完成。建筑两边临水，外墙由 800 万块红砖砌成。市政厅的右侧是一座高 106 米、带有 3 个镀金皇冠的尖塔，代表瑞典、丹麦、挪威三国人民的密切合作。

市政厅内有巨大的宴会厅，会也称“蓝厅”，每年的 12 月 10 日，即诺贝尔逝世纪念日，瑞典国王和王后都会在宴会厅为诺贝尔奖获得者举行隆重的宴会，以示热烈祝贺。市政厅内还有一个被称作“金厅”的大厅，纵深约 25 米，四壁用约 1800 万块一厘米见方的金箔镶贴而成，其间还镶嵌有用各种彩色小块玻璃组合成的一幅幅壁画。

斯德哥尔摩市政厅 

外文名称：Stockholm City Hall
建造年代：1911年
高度：106米
位置：瑞典首都市中心梅拉伦湖畔

隆德大教堂

瑞典

隆德大教堂是瑞典信义会隆德主教的管辖地区，除了宗教功能外，隆德大教堂同时也是隆德大学授予博士学位的场所，还是举办宗教音乐会的地方。由于年代较为久远，隆德大教堂的具体建造年代很难考证，现在普遍认为在 1103 年左右开始建造。

隆德大教堂采用意大利北部的伦巴第和德国莱茵河流域的罗马式建筑风格，主要的建筑材料是砂岩。楼层的设计、地下室、拱形的走廊、半圆形后殿上层的舞台都明显地体现了这种风格。

隆德大教堂的塔楼高 55 米，顶是尖塔状的，是隆德的标志性符号。隆德大教堂内部较为昏暗，只有一些很小的窗口让阳光透射进来。十字形的教堂有三座侧廊和一个袖廊，教堂里有一座建于 14 世纪 70 年代的非常辉煌的哥特式风格的唱诗班舞台。19 世纪末期，赫尔缨－泽特沃主持了一次大规模的重修，塔楼被修复成现在的样子。20 世纪 20 年代，教堂的半圆形后殿内部加上了马赛克装饰。

隆德大教堂 

外文名称：Lunds Domkyrka
建造年代：1103年
高度：55米
位置：瑞典斯科讷省隆德市

扭转大厦

瑞典

扭转大厦位于瑞典第三大城市马尔默的西港区，于 2005 年竣工，曾在美国《私家地理》杂志发起的“2012 最受读者青睐的全球新地标”评选活动中进入“全球顶级摩天大楼”前五强。

扭转大厦共 54 层，高 190 米，有 2300 余扇窗户，集办公和住宅功能于一体，以马尔默当地的可再生能源供能。它是瑞典最高的建筑，也是整个斯堪的纳维亚半岛上最高的建筑。大厦由西班牙知名建筑师圣地亚哥·卡拉特拉瓦（Santiago Calatrava）设计，灵感来源于人体 DNA 的双螺旋结构，从塔底到塔顶的每一层之间都有 1.2 度的旋转错落，从而实现了总体 90 度转角的独特外观。

扭转大厦 

外文名称：Turning Torso
建造年代：2005年
高度：190米
位置：瑞典马尔默西港区

这样的设计，加上宽大的玻璃窗和室内许多开放式的结构，使得公寓内的每片空间都能够享受到充足的自然光。面向海边的住户还可以清楚地看见连接丹麦哥本哈根与瑞典马尔默的跨海大桥。

卓宁霍姆宫

瑞典

卓宁霍姆宫，又译作德罗特宁霍尔姆宫或王后岛宫，位于斯德哥尔摩省梅拉伦湖畔的埃克尔市卓宁霍姆岛上，是瑞典王室的私人宫殿。如今，它是瑞典皇家学院的所在地，也是北欧 18 世纪皇宫建筑的最佳典范之一。

卓宁霍姆宫始建于 1537 年，由瑞典国王约翰三世为王妃卡塔知娜·雅盖隆卡而建造。1661 年，海德薇格·埃莉奥诺拉王后买下了这座城堡，可惜在同年 12 月 30 日发生了火灾，海德薇格遂邀请瑞典著名建筑师尼克姆德斯·泰辛负责重新设计该城堡。20 世纪中叶，路易丝·乌尔丽克王后将城堡内部装饰成精致的法国洛可可风格，同时对毁于 1762 年大火的卓宁霍姆宫剧院进行了重建。

现在的卓宁霍姆宫中大部分建筑物的风格都是巴洛克式。皇宫的外面有宫殿教堂、巨大的巴洛克花园和英式花园、中国式的庭院楼阁、卓宁霍姆宫剧院以及其他各种具有不同风格的建筑物，每年都吸引了大量游客前来参观游览。

其中，宫殿教堂由尼克姆德斯·泰辛设计，于 1746 年 5 月竣工。如今教堂里有一座 1730 年建造的

卓宁霍姆宫 

外文名称：Drottningholms Slott
建造年代：公元16世纪后期
别称：王后岛宫
位置：瑞典斯德哥尔摩省埃克尔市卓宁霍姆岛

管风琴，至今仍在使用。

中国宫始建于 1753 年，是当时的瑞典国王弗雷德里克为庆祝王后乌尔里卡的生日而建造的。后来经过多次改建和翻新，最终形成了一座具有中国式宫殿与法国洛可可式建筑的融合风格，兼具东方的典雅与西方的华丽的建筑。

整个建筑呈弓形，殿顶仿中国宫殿装饰并雕刻有龙形图案。中央的主殿分为两层，每层分为前后殿。主殿左右各有一座侧殿，以回廊与主殿相连，宫门、宫窗两侧的边框用中国式图案装饰。室内的陈设几乎均为中国传统样式，有瓷花瓶、漆盆、象牙宝塔、泥人、宫灯、文房四宝和茶具等，四壁墙面上则挂满了毛笔字条幅和中国山水花鸟鱼虫的画轴。

1991 年，根据文化遗产遴选标准（iv），卓宁霍姆宫被联合国教科文组织世界遗产委员会批准作为文化遗产列入《世界遗产名录》。

希腊著名建筑

古代希腊是欧洲文明的发源地，古希腊建筑也开创了欧洲建筑的先河，在世界建筑史中占有不亚于罗马建筑的重要地位。虽然其建筑形式变化较少，内部空间封闭而简单，但后世许多流派的建筑师都从古希腊建筑中得到借鉴。

古希腊建筑的结构属梁柱体系，早期主要建筑都用石料。限于材料性能，石梁跨度一般是 4 ~ 5 米，最大不过 7 ~ 8 米。石柱以鼓状砌块垒叠而成，砌块之间有榫卯或金属销子连接，墙体也用石砌块垒成，砌块平整精细，砌缝严密，不用胶结材料。其代表性建筑为各种希腊神殿，如帕特农神庙。

除此之外，希腊建筑的显著特点还有装饰的雕刻化，这种雕刻艺术与建筑紧密结合，使得希腊建筑仿佛是用石材雕刻出的艺术品。例如爱奥尼柱式柱头上的旋涡、科林斯柱式柱头上的由忍冬草叶片组成的花篮，以及女郎雕像柱式上神态自如的少女，都是这种雕刻艺术的体现。这使得希腊建筑风格庄重典雅，具有和谐、壮丽、崇高的美。

◆埃庇道鲁斯剧场

◆帕特农神庙

伊瑞克提翁神庙

希腊

伊瑞克提翁神庙是希腊雅典卫城的著名建筑之一，传说是雅典娜女神和海神波塞冬为争做雅典保护神而斗智的地方。

伊瑞克提翁神庙建于公元前 421 年至公元前 405 年之间，是雅典卫城建筑中古典晚期爱奥尼亚式的代表作，也是伯里克利制定的重建卫城计划中最后完成的一座重要建筑。神庙有三个神殿，分别供奉希腊的主神宙斯、海神波塞冬、铁匠之神赫菲斯托斯，分别用两条柱廊把它们连接起来。

神庙东门廊有 6 根柱子，北门廊有 4 根柱子，都是爱奥尼柱式的。南端用大理石雕刻了 6 根少女像柱代替石柱顶起石顶，左右对称，左边三个左腿微曲，右边三个右腿微曲。因为样式精美，设计巧妙，它们也成为伊瑞克提翁神庙的代名词之一。不过，现存的女像柱都是复制品，其中的 5 座女像柱真品收藏在卫城博物馆，另外 1 根则收藏在大英博物馆。

伊瑞克提翁神庙 

外文名称：The Erechtheion
建造年代：公元前421至前405年
建筑形制：爱奥尼柱式
位置：希腊雅典卫城帕特农神庙北部

圣托里尼蓝顶教堂

希腊

圣托里尼是在希腊大陆东南200公里的爱琴海上由一群火山组成的岛环，是希腊最著名的岛屿之一。岛上费拉市伊亚镇中的白墙蓝顶建筑群与洁白的沙滩共同构成了美景，使得圣托里尼岛成为爱琴海中最璀璨的一颗明珠。

作为圣托里尼明信片式的地标建筑，蓝顶教堂有大大小小300多个，遍布圣托里尼岛。其中最为出名的是位于费拉市伊亚镇海边步道上的圣玛丽亚感恩教堂，又称圣托里尼锡拉教堂，曾刊登在《美国国家地理》杂志的封面上。

这些蓝顶教堂建筑群都由当地的火山岩建造而成，并通过精美的修饰和蜿蜒的街道展现出希腊文化的独特魅力。白色建筑、蓝色圆顶和蔚蓝大海的经典组合也吸引了大量游客和摄影师前来观光、采风。

圣托里尼蓝顶教堂

外文名称：Blue Church of Santorini
建造年代：20世纪
别称：圣托里尼锡拉教堂
位置：希腊圣托里尼岛费拉市伊亚镇

不仅如此，蓝色教堂还彰显出了希腊文化中宗教和传统结合的特点，让人们更加深入地了解这个地中海国家的历史和文化。

埃庇道鲁斯剧场

希腊

埃庇道鲁斯是位于希腊伯罗奔尼撒半岛东北部的一座希腊古城。建于公元前 4 世纪的埃庇道鲁斯剧场是希腊保存得最好的古剧场与古典建筑之一，也是希腊后期古典建筑艺术的最高成就之一。

埃庇道鲁斯剧场是古希腊著名建筑师阿特戈斯和雕刻家波利克里托斯的杰作，坐落在埃庇道鲁斯东南的斜坡上，是传统的圆形露天剧场。中心的舞台直径为 20.4 米，舞台中央原有酒神祭坛，背面有长 26 米的背景壁墙，虽然如今只保留了部分，但舞台两侧的大理石门廊仍为当年的原物。中央舞台前的 34 排大理石座位依地势建在环形山坡上，像一把展开的巨大折扇，能容纳 1.5 万余名观众。剧场以其极佳的声效而闻名于世，舞台上的声音能传到剧场的每个角落。

埃庇道鲁斯剧场

外文名称：The Ancient Theatre of Epidaurus
建造年代：公元前4世纪
高度：190米
位置：希腊伯罗奔尼撒半岛纳夫普利亚省埃庇道鲁斯

帕特农神庙

希腊

帕特农神庙，又译作帕台农神庙或巴特农神庙，坐落在希腊雅典卫城古城堡中心，是供奉雅典娜女神的最大神殿，也是古希腊文化和艺术最重要的遗产之一。其建筑设计和雕塑装饰都体现了古希腊的审美理念和艺术技巧，是希腊古代建筑中最伟大的典范之作。

帕特农神庙是多立克风格的建筑，为了庆祝雅典战胜波斯侵略者的胜利而建。由建筑师伊克提诺斯和卡里克拉特设计，雕塑装饰则是由古希腊伟大的雕塑家菲迪亚斯主持完成的。

帕特农神庙从公元前 447 年开始兴建，9 年后封顶。神庙呈长方形，立于 3 层台阶上，庙内有前殿、正殿和后殿，基座占地面积达 2116 平方米。46 根高达 10.5 米的大理石柱撑起了庙顶，柱底直径近 2 米，往上逐渐向内收缩，使得柱身显得苗条而颀长。

整座庙宇的排布采取 8 柱的多立克式，东西两面各有 8 根柱子，南北两侧则是 17 根柱子。东西宽 31 米，南北长 70 米，东西两立面墙顶部距离地面 19 米。神

庙高与宽的比例为 19 比 31，接近希腊人推崇的“黄金分割比”，因而显得更加优雅壮丽，整体结构富有力量感和稳重感。

神庙柱间本来有用大理石砌成的 92 堵殿墙，墙上雕刻着栩栩如生的各种神像和珍禽异兽，比如智慧女神雅典娜从万神之王宙斯头里诞生的生动图画、雅典娜与海神波塞冬争当雅典守护神的场面等。但遗憾的是由于战火和掠夺，神庙内的珍贵文物、雕刻等尽数遗失，神庙本身也被炸得面目全非。经过修复后，现仅留下一座石柱林立的外壳。

帕特农神庙里原来还供奉着一尊高达 12 米的雅典娜女神的雕像，由菲迪亚斯制作。神像呈站立状，长矛靠在肩上，盾牌放在身边，右手托着一个黄金和象牙雕刻的胜利之神；头盔、胸甲、袍服由黄金制造，脸孔、手脚、臂膀由象牙雕刻而成，宝石镶嵌的眼睛炯炯有神。这座雕像代表着女神的智慧、勇气和公正，同时也反映了古希腊人对她的崇拜和敬畏。

帕特农神庙

外文名称： Parthenon Temple
建造年代： 公元前447年
占地面积： 2116平方米
位置： 希腊雅典卫城古城堡中心

俄罗斯著名建筑

俄罗斯的建筑艺术可追溯至远古斯拉夫部落时期，原始居民利用自然材料和粗糙的技术建造了最早的住所。这些建筑以木结构为主，对于抵御俄罗斯北部恶劣的气候条件非常有效，也在很长一段时间里决定了中世纪木制房屋的面貌。

在公元 9 世纪末至 10 世纪初，俄罗斯土地上建立起了第一个强大的国家——基辅罗斯。俄罗斯的建筑艺术从此进入了一个较为繁荣的时期，继承了起源于古罗马的石砌建筑传统，基辅索菲亚教堂为这一时期的代表作品。

进入中世纪，随着基督教的传入，俄罗斯地区开始建造许多教堂和修道院，这些教堂具有浓厚的拜占庭风格，以其金顶和壁画而著名。这一时期建造的克里姆林宫是俄罗斯建筑的里程碑之一，它不仅是政治中心，也是宗教中心。

15 世纪下半叶至 16 世纪末，首都莫斯科进行了大规模建设。意大利建筑师的加入使得俄罗斯建筑中出现了大量的文艺复兴风格元素，其中，塔式建筑就是这一时期具有风格突变性的一种建筑构造，典型代表有瓦西里·布拉仁内大教堂，这标志着基辅罗斯建筑传统进入了新的发展阶段。

◆克里姆林宫

◆冬宫

17 世纪，俄罗斯地区开始流行砖石结构，这一时期大量使用花纹砖和彩色瓷砖的砖砌教堂、中心商场、宫殿、别墅等被建造起来。木结构建筑也在发展，如今依旧有古迹在奥涅加湖畔的基日保护区留存。

随着时代的发展，18 世纪在彼得大帝统治时期，俄罗斯开始了西化运动，引进欧洲的建筑艺术风格，巴洛克和洛可可风格的建筑逐渐盛行，带来了砖石结构和弯曲形状的建筑技术。这一时期，许多宏伟的宫殿和教堂出现，代表作品为冬宫。在尼古拉一世统治时期，折中主义建筑得到发展，比较著名的有大克里姆林宫、救世主大教堂等。

19 世纪是俄罗斯建筑的“黄金时期”，俄罗斯建筑师开始倡导回归传统，民族复兴运动使得俄罗斯传统风格重新兴起，一方面保留了拜占庭风格的元素，另一方面融入了民族文化和民间艺术的独有特色。

20 世纪初，俄罗斯建筑受到现代主义和苏联建筑风格的影响，开始强调集体主义和宏伟的规模，追求简洁和功能性，提升了建筑的功能性和可持续发展性。

◆救世主大教堂

红场

俄罗斯

红场位于俄罗斯首都莫斯科市中心，毗邻莫斯科河，是莫斯科最古老的广场。自 17 世纪以来，这里既是莫斯科的商业中心，也是沙皇政府宣读重要诏书和举行凯旋检阅的场所，见证了俄罗斯历史上的众多重大事件。时至今日，红场依旧是俄罗斯重要节日举行群众集会、大型庆典和阅兵活动之处。

红场前身是 15 世纪末伊凡三世在城东开拓的城外工商区，1662 年改称红场，意为“美丽的广场”。1812 年以后，红场进行了大规模扩建。20 世纪 20 年代，红场又与瓦西列夫斯基广场合并，形成如今全长 695 米，宽 130 米，总面积 9 万余平方米的规模。

红场周围聚集了大量莫斯科的重要建筑物。北面的三层尖顶红砖楼为俄罗斯国家历史博物馆；东面是莫斯科最大的国营百货商店建筑群；南部为瓦西里升天教堂，是伊凡雷帝为了纪念 1552 年战胜喀山鞑靼军队下令建造的，教堂前面有爱国志士米宁和波扎尔斯基的纪念碑。

红场西侧是列宁墓和克里姆林宫的红墙及三座高塔。列宁墓上层修建有主席台，两旁为观礼台；在列宁墓与克里姆林宫红墙之间有 12 块墓碑，为斯大林、勃列日涅夫、安德罗波夫、契尔年科、捷尔任斯基等人的墓碑。

红场

外文名称：Red Square
建造年代：15世纪末
占地面积：9.035万平方米
位置：俄罗斯莫斯科市中心

冬宫

俄罗斯

冬宫是俄罗斯圣彼得堡的标志性巴洛克建筑，始建于 1721 年，早期是沙皇的皇室宫殿，后来变成皇室博物馆。叶卡捷琳娜·阿列克谢耶夫娜二世女皇在位期间，在冬宫内建立了艾尔米塔什私人博物馆。

1922 年，冬宫与小艾尔米塔什、旧艾尔米塔什、艾尔米塔什剧院、冬宫储备库、新艾尔米塔什合并，形成了一个总面积达 130 万平方米的古建筑群，即世界四大博物馆之一的俄罗斯国立艾尔米塔什博物馆。

冬宫由意大利著名建筑师巴托洛米奥·拉斯特雷利设计，是 18 世纪中叶俄国新古典主义建筑的杰出典范。宫殿共有三层，长约 230 米，宽 140 米，高 22 米，

冬宫

外文名称：Winter Palace
建造年代：1721年
占地面积：9万平方米
位置：俄罗斯圣彼得堡宫殿广场

呈封闭式长方形，占地 9 万平方米，建筑面积超过 4.6 万平方米。

四角形的建筑宫殿里面有内院，三个方向分别朝向皇宫广场、海军指挥部、涅瓦河，第四面连接小艾尔米塔什宫殿。宫殿面向冬宫广场的一面中央稍突出，有三道拱形铁门，入口处有阿特拉斯巨神群像。冬宫四周有两排柱廊，圆柱有规律地排列，显得雄伟、壮观。外墙表面白绿相间，窗上饰框及浮雕装饰十分精细华丽。

宫殿内部用各色大理石、孔雀石、石青石、斑石、碧玉、玛瑙制品等铺设地面与墙壁，以包金、镀铜、各种质地的雕塑、壁画、绣帷等装饰，其完整性与华丽程度都令人印象深刻。

在冬宫正面的广场上，为纪念战胜拿破仑，中央树立了一根亚历山大纪念柱，高 47.5 米，直径 4 米，重 600 吨，用整块花岗石制成。它的顶尖上是手持十字架的天使，天使双脚踩着一条蛇，这是战胜敌人的象征。

克里姆林宫

俄罗斯

克里姆林宫位于俄罗斯首都莫斯科的中心，坐落在涅格林纳河和莫斯科河汇合处的博罗维茨基山岗上，享有“世界第八奇景”的美誉，是俄罗斯联邦的象征，也是现如今俄罗斯总统府的所在地，曾是俄罗斯沙皇的居所之一。

克里姆林在俄语中意为“内城”，1156 年，尤里・多尔戈鲁基大公在其分封的领地上用木头建立了一座小城堡，取名“捷吉涅茨”。1320 年，伊凡一世开始用橡树圆木和石灰石在此建造克里姆林宫，装饰以复杂精美的雕刻，每个屋顶都建成特殊的圆拱形，后来成为莫斯科公国的中心。

后经过数百年的修建，克里姆林宫中的建筑逐渐增加，建筑风格也开始多元化。周围及宫内的主要建筑有列宁墓、20 座塔楼、圣母升天教堂、天使教堂、伊凡大帝钟楼、捷列姆诺依宫、大克里姆林宫、兵器库、大会堂、古兵工厂、苏联部长会议大厦、苏联最高苏维埃主席团办公大厦、特罗依茨克桥、无名战士墓等。

克里姆林宫南临莫斯科河，西北依亚历山大罗夫斯基花园，东北与红场相连，呈不等边三角形，面积约 27.5 万平方米。其围墙长 2235 米，厚 6 米，高 14 米。围墙上有塔楼 18 座，参差错落地分布在三角形宫墙上。

1935 年，斯巴斯克塔、尼古拉塔、特罗伊茨克塔、鲍罗维茨塔和沃多夫塔等塔楼上各装有大小不一的五角星，以红宝石和金属框镶制而成，内置 5000 瓦功率的照明灯，被称为克里姆林红星。

宫殿的建筑形式融合了拜占廷、俄罗斯、巴洛克、希腊和罗马等不同的建筑风格。其中，克里姆林宫是最主要的建筑之一，外观为仿古典俄罗斯式，厅室配合协调，装潢华丽。宫殿的正中是饰有各种花纹图案的阁楼，上有高出主建筑物的紫铜圆顶，高达 13 米，并立有旗杆。

克里姆林宫

外文名称：Kremlin
建造年代：1320年
占地面积：27.5万平方米
位置：俄罗斯莫斯科市博罗维茨基山岗

瓦西里升天教堂

俄罗斯

瓦西里升天教堂，又称华西里·伯拉仁内教堂、圣巴西尔大教堂、波克洛夫大教堂，位于俄罗斯首都莫斯科市中心的红场南端，是 16 世纪中叶伊凡雷帝为纪念战胜蒙古侵略者而建，也是俄罗斯中世纪后期建筑艺术的重要代表之一。

教堂由巴尔马和波斯特尼克设计，建造初期称为“壕堑边上的波克洛夫斯基教堂”，后改名为瓦西里升天教堂，属于东正教，是著名的拜占庭式教堂建筑。

教堂建筑风格独特，内部空间狭小，整体更注重外形。多个集中聚拢的穹顶形似一座纪念碑，中央主塔是帐篷顶，塔高 65 米，周围是 8 个形状、色彩与装饰各不相同的葱头式穹顶，均被染上了鲜艳的颜色，以金、黄、绿三色为主，或螺旋式或花瓣式或凸起式的花纹使得葱顶具有很强的动感。每个塔楼顶部都有一个更小的葱顶，上面立有金色的十字架。

这 9 座塔的式样、色彩均不相同，但整体十分和谐，观感极具节日气氛，凝结着俄罗斯人民结束几个世纪的奴役生活的无比欢乐和激动的感情。

瓦西里升天教堂 

外文名称：

Cathedral of Vasiliy the Blessed

建造年代：1560年

高度：65米

位置：俄罗斯莫斯科市红场南端

叶卡捷琳娜宫

俄罗斯

叶卡捷琳娜宫坐落于圣彼得堡以南约25公里处，毗邻亚历山大宫，是俄罗斯巴洛克风格建筑的代表作之一。18世纪初，叶卡捷琳娜宫所处的地方有一座萨尔庄园。1710年，彼得一世把这个庄园送给了自己的妻子叶卡捷琳娜·阿列克谢耶芙娜，并开始修缮。随着宫殿建设的不断发展，这里被更名为皇村。

1741年，伊丽莎白·彼得罗夫娜登上皇位后，开始对这座略显简朴的庄园进行扩建。新的巴洛克风格宫殿建成于1756年，设有大厅、肖像厅、琥珀屋等房间。1770年，俄皇叶卡捷琳娜大帝下令对宫殿进行改造，在原本的巴洛克风格的基础上添加新古典主义装饰，宫殿外的几何式布局花园改为英式园林。

改造后的宫殿长306米，主要由蓝、白、黄三色构成，顶部加盖了五座金碧辉煌、颇具特色的洋葱形圆屋顶。殿内最大的房间为大厅，面积达800平方米，主要用于举办官方招待活动、庆典和宴会。宫殿北侧的琥珀屋由总计450公斤的琥珀和黄金装饰而成，是宫殿内最奢侈的房间之一。宫殿南侧为叶卡捷琳娜大帝的套房，

包括卧室、书房、餐厅、里昂厅、蔓藤花纹厅等。宫殿最北侧为亚历山大一世和保罗一世时期的房间。

在叶卡捷琳娜二世统治期间，叶卡捷琳娜宫所在的皇村已经成为日益强大的俄罗斯帝国灿烂文化的缩影。

叶卡捷琳娜宫

外文名称：Ekaterina Plaza
建造年代：1717年
占地面积：120万平方米
位置：俄罗斯圣彼得堡周边普希金市

喀山大教堂

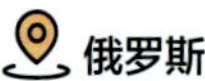
俄罗斯

喀山大教堂坐落于圣彼得堡的涅瓦大街上，是沙皇保罗一世为了安置俄罗斯东正教的重要圣物—有着“俄国军队的守护神”之称的喀山上帝之母圣像，以罗马圣彼得大教堂为蓝本建造的，教堂也因此得名。它是圣彼得堡最大的教堂，始建于 1801 年，如今仍吸引着世界各地的信徒前来祈祷。

喀山上帝之母圣像是伊凡雷帝军队突击喀山时在战场上发现的。由于不断传出圣母像显灵庇佑军队的故事，它成了俄罗斯东正教的圣物。

1710 年，俄皇保罗一世在访问罗马期间，下令在圣彼得堡的涅夫斯基大道上兴建一座以罗马的圣玻勒可莱·得·托里彼得教堂为设计蓝本的石造教堂。1936 年，苏联准备在红场举行阅兵，斯大林下令拆除广场上的教堂，其中包括喀山大教堂。不过，在苏联解体后，喀山大教堂成为第一座被重建的教堂，最终形成了现在人们看到的模样。

根据东正教教规要求，教堂的圣堂必须面向东方，因而教堂整体是侧面对着主街。不过，为了由于视觉美观，设计师还是在教堂北面竖立起由 94 根科尼斯式半圆形长柱构成的长廊，形成一个半圆形广场，使教堂侧面看起来同样宏伟壮观，不输正面。

柱廊的后方有一座高达 70 米的圆顶教堂，中央穹顶辉煌华丽，有着传统东正教的风格，仰视可见一幅幅圣母像和水彩壁画。

教堂侧面半圆形的回廊面对的是一座休闲广场，广场上有一座花岗岩喷泉，以及两位俄国统帅——1812 年别列津纳河战役中的英雄库图佐夫和巴克莱·德利的雕像。雕像于 1837 年落成，自此喀山大教堂也成为 1812 年到 1814 年俄罗斯卫国战争纪念馆。

喀山大教堂 

外文名称：Kazan Cathedral

建造年代：1801年

高度：102米

位置：俄罗斯圣彼得堡涅瓦大街

俄罗斯联邦大厦

俄罗斯

俄罗斯联邦大厦位于俄罗斯莫斯科河克拉斯诺普列涅斯科沿岸大街的商务区，由A、B两座塔楼及两塔楼之间的观光电梯和基座部分组成，总建筑面积37万平方米，建筑高度509米，是一幢集办公、公寓、酒店、商业、车库、旅游观光于一体的综合性大楼。

俄罗斯联邦大厦由俄罗斯房地产开发商MIRAX集团投资，中国建筑工程总公司承接了两塔中较高的A塔的建造。在项目进行时，该楼为欧洲第一高楼、全钢筋混凝土结构建筑世界第一高楼。

俄罗斯联邦大厦采用未来主义建筑风格，独特的外形是根据船的风帆设计的，两座子塔与中心一个430米高的匕首状金属柱相连，主体结构形式为钢筋混凝土结构结合阶段性钢结构。看似奇特的外形设计方案，却能使这座大厦抵抗住类似“911”恐怖事件中飞机对大楼的撞击而不倒塌。

俄罗斯联邦大厦 A 塔高约 509 米，用作办公场所；B 塔高约 242 米，用作酒店和公寓。两个塔楼的顶部均设有 360 度观景台，内部设有办公区、观景台、高级饭店、健身中心以及其他休闲娱乐设施。

俄罗斯联邦大厦

外文名称：Russian Federal Building
建造年代：2005年
高度：509米
位置：俄罗斯莫斯科河
克拉斯诺普列涅斯科沿岸大街

莫斯科国立大学

俄罗斯

莫斯科国立大学的全称是莫斯科国立米哈伊尔·瓦西里耶维奇·罗蒙诺索夫大学，它的前身是由沙皇俄国教育家米哈伊尔·瓦西里耶维奇·罗蒙诺索夫于1755年倡议并创办的莫斯科帝国大学，它是俄罗斯历史最悠久、最顶尖的公立综合性高等学府之一，同时也是苏联时期最著名的建筑之一，采用了古典主义元素和现代主义元素的结合，外观宏伟壮观，展现了苏联时期的科学和教育实力。

第二次世界大战后，斯大林下令在莫斯科市中心周围建造了被称为“七姐妹”的七座建筑，莫斯科大学的主楼就位于其中最大的建筑中。

当时它也是欧洲最高的建筑，36层的主楼总高240米，顶端是五角星徽标，两侧为18层的副楼，各装有直径9米的大钟，走廊长约33千米，包含5000多间房间。建筑的表面画有钟、气压表、温度计等巨大图案，同时饰有雕塑和镰刀、斧头标志。建筑前有俄罗斯著名学者的雕像，其中就包括莫大的创始人罗蒙诺索夫的塑像，伫立于主楼正前方与图书馆相呼应的位置。

莫斯科国立大学 

外文名称：
Lomonosov Moscow State University
建造年代：1755年
占地面积：320万平方米
位置：俄罗斯莫斯科西南方列宁山

校内拥有4个天文台、3个博物馆、一个面积近50公顷的植物园，还有各种科研机构和实验室、广场、运动场、体育馆、剧场、大礼堂等，总占地面积320万平方米。

第3章 亚洲建筑

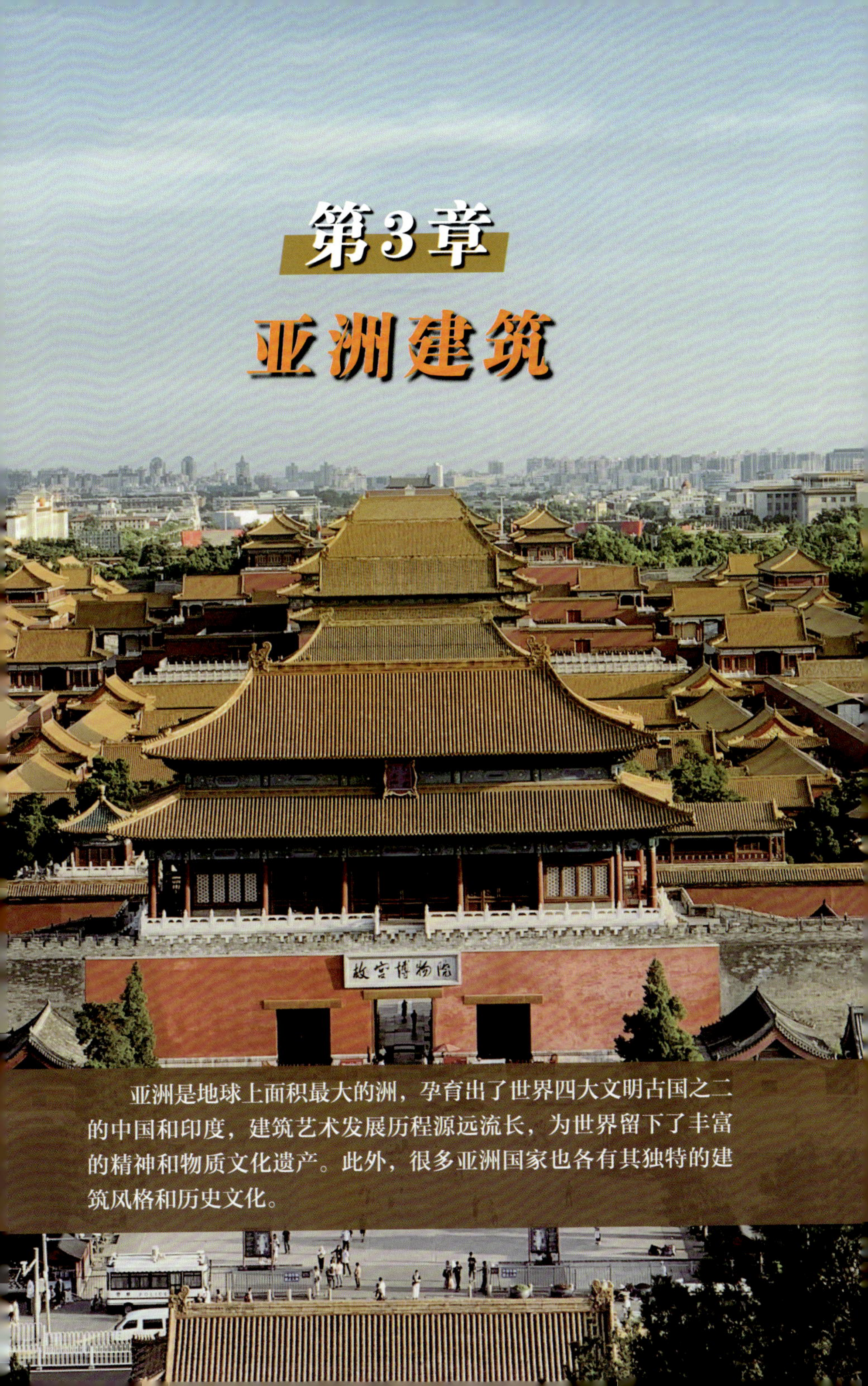

亚洲是地球上面积最大的洲，孕育出了世界四大文明古国之二的中国和印度，建筑艺术发展历程源远流长，为世界留下了丰富的精神和物质文化遗产。此外，很多亚洲国家也各有其独特的建筑风格和历史文化。

中国著名建筑

中国上下五千年悠久的历史创造了灿烂的古代文化，古建筑便是其中的重要组成部分，为人类留下了大量举世瞩目的文化遗产。

中国建筑史主要分为中国古建筑史和中国近现代建筑史。从上古至清末的古代建筑发展时期，中国建造了许多传世的宫殿、陵墓、庙宇、园林、民宅，其建筑形态及修筑方式远播至东亚各国。

在奴隶制社会尚未建立的远古时期，中国的土地上已经出现了对后世建筑技术有重大影响的干栏式建筑、木骨泥墙房屋和窑洞式建筑，这些远古建筑至今仍在浙江余姚河姆渡村等遗址中有留存。

随着中国第一个奴隶制王朝——夏朝的建立，中国建筑逐渐向阶级化、城市化发展。这时已有了宫室、民居、墓葬等建筑类别，以及正规意义上的城市，著名代表有河南偃师二里头夏代宫室遗址。

经过商、周、春秋战国等朝代的发展，中国建筑史中成就最高、规模最大的建筑类型——宫殿建筑，在秦朝实现了重要发展，极具气势的阿房宫强烈凸显了帝王的无上权威。同时，为防御匈奴而耗费无尽人力物力修建的万里长城更是中

◆北京故宫

华民族的瑰宝，也是世界建筑史上的奇迹。

进入汉朝，中国古代建筑的“三段体”特征建筑型制基本确立，即每个建筑都由上、中、下三部分组成，上为屋顶，下为基座，中间为柱子、门窗和墙面。在柱子之上、屋檐之下还有一种由木块纵横穿插、层层叠叠组合成的构件，叫作斗拱，这是以中国为代表的东方建筑特有的构件。

隋、唐、宋时期，中国建筑既继承了前代的成就，又融合了外来影响，形成了独立而完整的建筑体系，把中国古代建筑推向了成熟阶段。其中，宫殿建筑和园林艺术方面的成就极高，影响远播至朝鲜、日本等国，著名代表有大明宫、江南园林。

元、明、清时期，少数民族的建筑风格不断地对中国传统建筑产生影响，使中国建筑呈现出若干新趋势，官式建筑中斗拱的作用减弱，而园林艺术则日渐成熟。

一战、二战结束后，中国建筑发展进入了现代化阶段。从主打适用、坚固安全、经济，适当照顾美观的建造方针，到开始注重功能与经济的关系，并在建筑形式上进行了新的探索，产生不同民族和地方色彩的建筑，中国现代建筑经历了数十年的摸索，最终形成了如今东西融合、包罗万象的建筑风格。

◆长城

◆中央电视台总部大楼

长城

中国

长城又称万里长城，是中国古代以城墙为主体，同大量的城、障、亭、标相结合的防御体系，是中国也是世界上修建时间最长、工程量最大的一项古代防御工程，名列世界七大奇迹之一，是中华民族数千年灿烂文化的重要象征。

长城的历史可上溯到西周时期，当时周王朝为了防御北方游牧民族俨狁的袭击，曾筑起连续排列的城堡“列城”以作防御。秦统一天下后，开始连接和修缮各国的长城，始有万里长城之称。自秦始皇以后，凡是统治中原地区的朝代几乎都要修筑长城。

明朝是最后一个大修长城的朝代，人们现在所看到的长城大多是明代修筑的。据数据统计，明长城总长度为 8851.8 千米，秦汉及早期长城超过 1 万千米，总长超过 2.1 万千米，修筑跨度长达两千余年。

在长城布局上，秦始皇修筑万里长城时就总结出了“因地形，用险制塞”的重要经验，充分地利用地形作为天然屏障。在建筑材料和结构上，遵循“就地取材、因材施用”的原则，创造了夯土、块石、片石、砖石混合等结构；在沙漠中还利用了红柳枝条、芦苇与砂粒层层铺筑的结构。

长城

外文名称：The Great Wall
建造年代：公元前9世纪西周
平均高度：7.8米
位置：东起山海关，西至嘉峪关

故宫

中国

北京故宫是中国明清两代的皇家宫殿，旧称紫禁城，位于北京中轴线的中心，是明清两朝 24 位皇帝的皇宫，也是世界上现存规模最大、保存最完整的木质结构古建筑群之一，名列世界五大宫之一。

故宫于明永乐四年(1406 年)开始建设，以南京故宫为蓝本，到永乐十八年(1420 年) 建成。南北长 961 米，东西宽 753 米，四面围有高 10 米、长 3400 米的城墙，城外有宽 52 米的护城河。宫殿占地面积约 72 万平方米，建筑面积约 15 万平方米，有大小宫殿 70 多座，房间 8707 间，被称为“殿宇之海”，气魄宏伟，极为壮观。故宫外有四座城门，南面为午门，北面为神武门，东面为东华门，西面为西华门，

故宫

外文名称：The Imperial Palace
建造年代：1406年
占地面积：72万平方米
位置：中国北京市东城区
景山前街4号

城墙的四角各有一座高 27.5 米的精巧角楼。

故宫严格按照《周礼·考工记》中“前朝后市，左祖右社”的帝都营建原则建造，坐北朝南，平面布局以大殿（太和殿）为主体，来取左右对称的法式排列诸殿堂、楼阁、台榭、廊庑、亭轩、门阙等建筑，使其在功能上符合封建社会的等级制度，同时具有平衡的美感。

故宫建筑分为外朝和内廷两部分。外朝的中心为太和殿、中和殿、保和殿，统称三大殿，是国家举行大典礼的地方，文华殿、武英殿分布在两翼；内廷以乾清宫、交泰殿、坤宁宫为中心，东西六宫为两翼，是皇帝处理日常政务、皇后及妃子们居住的宫殿，其后为御花园。三大殿、后三宫、御花园都位于一条中轴线上，布局严谨有序。这条中轴线又在北京城的中轴线上，体现出皇家的权威和地位。

故宫建筑均以木构架支撑，柱底下有青白石底座，上盖金黄色琉璃瓦，屋顶正脊两端的正脊吻及垂脊吻上有大型陶质兽头装饰，内饰以金碧辉煌的彩画。

天坛

中国

天坛原名天地坛，是明清两代皇帝每年祭天和祈祷五谷丰收的场所，也是中国现存最大的古代祭祀性建筑群，以严谨的建筑布局、奇特的建筑构造和瑰丽的建筑装饰闻名于世。

明永乐十八年（1420年），明成祖朱棣迁都北京，按照南京天地坛的规制建成北京天地坛，分为内坛、外坛两部分，主要建筑集中于内坛。内坛南部为圜丘坛，有圜丘、皇穹宇等建筑，用于祭天；北部为祈谷坛，有祈年殿、皇乾殿、祈年门等建筑，用于祈谷；西部为斋宫，是祭祀前皇帝斋戒的居所。圜丘坛与祈谷坛由一座长360米、宽近30米、南低北高的丹陛桥相连，丹陛桥两侧为大片的古柏林。

天坛公园内最负盛名的建筑当属北门的祈年殿。它建于永乐十八年，初名大祀殿，乾隆十六年（1751年）定名为祈年殿，是正月祈谷的专用建筑。祈年殿殿高38.2米，直径24.2米，外有三重蓝琉璃瓦、圆形屋檐、攒尖顶以及宝顶鎏金，

屋檐上以沥粉贴金的方法绘有精致的图案，内部由 28 根金丝楠木大柱支撑，中间有 4 根龙井柱，设置龙凤藻井，分别寓意四季、十二月、十二时辰以及周天星宿。

另一座备受瞩目的建筑是建于嘉靖九年（1530 年）的圜丘坛正殿皇穹宇，用于供奉祭祀神位。殿高 19.5 米，直径 15.6 米，上覆蓝瓦金顶，殿内有青绿基调的金龙藻井，中心为大金团龙图案，既精巧又庄重。

天坛

外文名称：Temple of Heaven
建造年代：1420年
占地面积：273万平方米
位置：中国北京市东城区永定门大街东侧

布达拉宫

中国

布达拉宫位于中国西藏自治区首府拉萨市区西北的玛布日山上，过去曾是藏族政教合一的统治中心，与西藏历史上的重要人物松赞干布、文成公主、赤尊公主和历代达赖喇嘛等有着密切联系，具有重大的历史意义和宗教意义。

布达拉宫始建于公元 7 世纪藏王松赞干布时期，吐蕃第三十三代赞普松赞干布迁都拉萨，建布达拉宫为王宫。吐蕃王朝灭亡之后，布达拉宫的大部分毁于战火，规模日益缩小。1645 年，五世达赖建立甘丹颇章王朝，并被清朝政府正式封为西藏地方政教首领。历代达赖相继对布达拉宫进行了扩建，最终形成了今日的规模。

布达拉宫海拔 3700 米，占地总面积 36 万平方米，建筑总面积 13 万平方米，主楼高 117 米，共 13 层，采用石木交错的建筑方式。建筑东西两侧分别向下延伸，与高 6 米、底宽 4.4 米、顶宽 2.8 米的宫墙相接。宫墙用夯土砌筑，外包砖石，非常牢固，墙的东、南、西侧各有一座三层的门楼，在东南角和西北角还各有一座角楼。

布达拉宫主体建筑由东部的白宫（达赖喇嘛居住的地方）和中部的红宫（佛殿及历代达赖喇嘛灵塔殿）组成，此外还有宫殿、灵塔殿、佛殿、经堂、僧舍、庭院等配套建筑。白宫内有各种殿堂长廊，摆设精美，布置华丽，墙上绘有与佛教有关的绘画，显示了古代藏族人民建筑艺术的优秀传统和高度的艺术成就；红宫内则供奉了松赞干布像、文成公主像和尼泊尔赤尊公主像数千尊，还有历代达赖喇嘛的灵塔，黄金珍宝数不胜数，配以彩色壁画显得金碧辉煌。

这座凝结着藏族劳动人民智慧、见证汉藏文化交流的古建筑群是藏式建筑的杰出代表，以辉煌的雄姿和藏传佛教圣地的地位成为藏民族的象征，同时也是中国的著名旅游胜地。其装饰设计、装饰风格、雕刻、壁画、彩画等艺术都体现了以藏族为主，汉、蒙、满各族能工巧匠高超的技艺和艺术水准，因此有着“世界屋脊上的明珠”的美誉。

布达拉宫 

外文名称：Potala Palace
建造年代：公元7世纪
占地面积：36万平方米
位置：中国西藏拉萨市城关区北京中路

滕王阁

中国

滕王阁坐落于江西南昌赣江与抚河故道交汇处，与湖南岳阳的岳阳楼、湖北武汉的黄鹤楼并称为江南三大名楼，是中国古代四大名楼、中国十大历史文化名楼之一，世称西江第一楼。

滕王阁始建于唐永徽四年（653 年），由唐高祖李渊之子李元婴任洪州都督时创建，因李元婴在贞观年间曾被封为滕王，故取名为“滕王阁”。在后世千余年的时光里，滕王阁多次毁于战乱和火灾之中，重建高达 29 次。一直到中华人民共和国成立四十周年之际，第 29 次重建的滕王阁于 1989 年 10 月 8 日重阳节建成完工，才有了如今人们看到的模样。

滕王阁是一座仿宋建筑，主体高 57.5 米，建筑面积 13 000 平方米，下方为象征古城墙的 12 米高台座，分为两级，共有 89 级台阶。高台的四周为仿宋花岗岩栏杆，古朴厚重，与瑰丽的主阁形成鲜明的对比。台座以上的主阁外观是三层带回廊结构，内部却有七层，饰以宋式彩画。屋檐瓦片全部采用宜兴产的碧色琉璃瓦，正脊鸱

吻为仿宋特制，高 3.5 米。台座之下，有南北相通的两个瓢形人工湖，北湖上建有九曲风雨桥。

有古人云：“求财去万寿宫，求福去滕王阁”，可见滕王阁在世人心目中占据着神圣地位，历朝历代无不备受重视和保护。唐上元二年（675 年），王勃所作《秋日登洪府滕王阁饯别序》更是为滕王阁之盛名大添华彩。一句“落霞与孤鹜齐飞，秋水共长天一色”，勾起了无数文人雅士的向往之心，纷纷登阁赋诗，留下了大量脍炙人口的文章。文以阁名，阁以文传，传诵千秋而经久不衰。

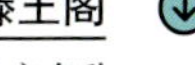

滕王阁

外文名称：Pavilion of Prince Teng
建造年代：653年
高度：57.5米
位置：中国江西省南昌市东湖区仿古街58号

秦始皇陵

中国

秦始皇陵位于陕西省西安市临潼区城东 5 千米处的骊山北麓，是中国历史上第一位皇帝嬴政的陵寝。它是中国历史上第一座规模庞大、设计完善的帝王陵寝，也是世界上规模最大、结构最奇特、内涵最丰富的帝王陵墓之一，充分体现了 2000 多年前中国古代汉族劳动人民的艺术才能，是中华民族的骄傲和宝贵财富。

秦始皇陵始建于秦王政元年（公元前 247 年），由丞相李斯设计，少府令章邯监工，仿照秦国都城咸阳的布局建造，期间共征集 72 万人力，动用修陵人数最多时近 80 万人。秦二世二年（公元前 208 年）秦始皇皇陵竣工，历时 39 年，其工程之浩大、用工人数之多、持续时间之久都是前所未有的。

整个秦始皇陵可分为 4 个部分，地下宫城（地宫）为核心部位，其他依次为内城、外城和外城以外。地宫位于内城南半部的封土之下，内城北半部的西区是便殿附属建筑区，东区是后宫人员的陪葬墓区。

陵园主体占地约 800 万平方米，以封土堆为中心，近似方形，顶部平坦，腰部略呈阶梯形，高 76 米，东西长 345 米，南北宽 350 米，占地 12 万平方米。陵园区四周分布着大量形制不同、内涵各异的陪葬坑和墓葬，已探明的有 400 多个，其中就包括“世界第八大奇迹”——兵马俑坑。

兵马俑坑是秦始皇陵的陪葬坑，位于秦陵陵园东侧 1500 米处，其中共出土了约 7000 个秦代陶俑及大量的战马、战车和武器，代表了秦代雕刻艺术的最高成就。

1980 年 12 月，在封土西侧出土的两组形体较大的彩绘铜制马车，是迄今中国所发现的年代最早、形体最大、结构最复杂、制作最精美的铜铸马车。它们为研究秦代历史、铜冶铸技术和古代车制提供了实物资料，被誉为中国古代的“青铜之冠”。

秦始皇陵

外文名称：Mausoleum of the First Qin Emperor
建造年代：公元前247年
总面积：5625万平方米
位置：中国陕西省西安市临潼区城东骊山北麓

敦煌莫高窟

中国

敦煌莫高窟俗称千佛洞，是敦煌石窟群体中的代表窟群，晋时曾称“仙岩寺”，十六国前秦时正式更名为“莫高窟”。它的开凿从十六国时期至元代，前后延续了约 1000 年，既是中国古代文明的一个璀璨的艺术宝库，也是古代丝绸之路上不同文明之间对话和交流的重要见证。

莫高窟建于今甘肃省敦煌市东南 25 公里处的鸣沙山东麓断崖上，坐西朝东，前临宕泉河，面对三危山。洞窟密布于岩体，大小不一，上下错落如蜂窝状，南北绵延数公里，高约 40 米至 50 米，由积沙与卵石沉淀黏结而成。窟群全长 1600 余米，分南北两区，现存有壁画、塑像者共 492 窟，绝大多数开凿在南区，是佛

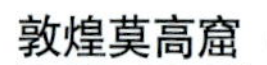

敦煌莫高窟

外文名称：Mogao Caves
建造年代：公元366年
占地面积：31 200平方千米
位置：中国甘肃省敦煌市鸣沙山东麓

教徒传播佛教教义和礼拜的处所。北区除少数洞窟存有壁画外，多达 250 余洞窟都是徒壁无画的空窟，多为画工、塑匠们居住的生活窟和僧人行禅的禅窟，少数是佛教徒埋葬尸骨的瘗窟。

石窟中共有壁画 4.5 万多平方米，彩塑 3000 余身，唐宋木构窟檐 5 座，最大彩塑高 33 米（武周证圣元年建第 96 窟的“北大像”），最大壁画约 47 平方米（五代第 61 窟“五台山图”）。石窟以彩塑为主体，四壁及顶部均彩绘壁画，地面铺墁花砖，窟外有窟檐（或殿堂）、栈道，窟与窟相通相连，形成了石窟建筑、彩塑和壁画三者合一的佛教文化遗存。

石窟形制主要有中心柱窟、覆斗顶形窟、中心佛坛窟等；彩塑有佛陀像、菩萨像、弟子像等；壁画题材有佛陀、菩萨、力士、飞天、罗汉等。其中飞天壁画声名远扬，多表现为不生翅膀、没有圆光、借助云而不依靠云，凭借飘逸的衣裙、飞舞的彩带而凌空翱翔的飞天人物形象，可以说是世界美术史上的一个奇迹。

国家体育场

中国

中国国家体育场，又名“鸟巢”，位于北京奥林匹克公园中心区南部，这里曾举行2008年夏季奥运会和残奥会的开闭幕式、田径比赛、足球比赛决赛，以及2022年冬季奥运会和冬残奥会的开闭幕式等重要赛事和仪式。除了体育的价值之外，鸟巢也凭借其独特的外观和精巧的设计，被誉为“第四代体育馆”的伟大建筑作品。

2001年7月13日，北京成功申办了2008年奥运会。2002年10月25日，北京市规划委员会面向全球征集2008年奥运会主体育场——中国国家体育场的建筑概念设计方案。经过严格评审、认真筛选、反复比较和一系列投票之后，由瑞士赫尔佐格和德梅隆韦斯特设计公司与中国建筑设计研究院组成的联合体设计的“鸟巢”方案脱颖而出。

2003年12月24日，鸟巢开工建设，2008年3月竣工，总造价22.67亿元人民币。体育场占地20.4万平方米，建筑面积25.8万平方米，可容纳观众9.1万人，其中正式座位8万个，临时座位1.1万个。

体育场的空间效果新颖而激进，同时又简洁古朴。以透明膜材料覆盖的灰色矿物般的钢网组件相互支撑，形成网格状的构架，外观看上去就像树枝织成的鸟巢。内部没有一根立柱，巢体包裹着一个土红色的碗状体育场看台，形态如同孕育生命的“巢”和摇篮，寄托着人们对未来的希望。

鸟巢顶面呈鞍形，长轴为 332.3 米，短轴为 296.4 米，最高点高度为 68.5 米，最低点高度为 42.8 米。为了使屋顶防水，体育场顶部结构间的空隙采用透光的膜填充，由此形成的漫射光使场内光线更柔和。但建筑外立面和中央没有整体封闭，目的是使体育场能够自然通风。

自建成后，国家体育场就成了人们参与体育活动、享受体育娱乐的场所，同时也成为地标性的体育建筑和奥运遗产。

国家体育场 

外文名称：National Stadium
建造年代：2003年
占地面积：20.4万平方米
位置：中国北京奥林匹克公园中心区南部

上海中心大厦

中国

上海中心大厦位于上海市陆家嘴金融贸易区银城中路 501 号，是一座巨型高层地标式摩天大楼，现为中国第一高楼、世界第三高楼。该建筑曾被绿色建筑 LEED-CS 给予白金级认证，获得 MIPIM 人民选择奖、美国建筑奖年度设计大奖、第十五届中国土木工程詹天佑奖以及 2019 年 BOMA 全球创新大奖等重要奖项。

1993 年，上海市人民政府制定《上海陆家嘴中心区规划设计方案》，计划在陆家嘴金融贸易中心区建设 3 幢超高层的标志性建筑，形成“品”字形的三足鼎立之势，包括金茂大厦、环球金融中心以及陆家嘴 Z3-2 地块的第三座超高层建筑——于 2008 年 11 月 29 日开始建造的上海中心大厦。

上海中心大厦

外文名称：Shanghai Tower
建造年代：2008年
高度：632米
位置：中国上海市陆家嘴金融贸易区银城中路501号

上海中心大厦于 2016 年 3 月 12 日完成总体施工工作，2017 年 1 月投入试运营。总高度为 632 米，地上 127 层，地下 5 层，总建筑面积为 57.8 万平方米，其中地上 41 万平方米，地下 16.8 万平方米，基底面积为 30 368 平方米，绿化率为 33%。

大厦结构立面共有两层玻璃幕墙，内层玻璃幕墙沿标准层楼板外围布置呈圆形，圆心沿高度方向对齐，半径逐渐收缩；外层幕墙平面投影近似为尖角削圆的等边三角形，从建筑底部扭转直到顶部。大厦呈螺旋上升形态，与裙楼结合来看，像是从地面“破土而出”，如一条巨龙直冲云霄，其设计灵感来源于蜿蜒的黄浦江和中国传统龙文化，寓意着现代中国的腾飞。

作为陆家嘴核心区超高层建筑群的收官之作，上海中心大厦已成为上海金融服务业的重要载体。它不仅是一幢集商务、办公、酒店、商业、娱乐、观光等功能于一体的超高层建筑，还为完善城市空间、提升上海金融中心综合配套功能、促进现代服务业集聚等发挥了重要作用。

中国华润大厦

中国

中国华润大厦，别名“春笋”，位于深圳市后海金融总部基地的核心地块，是一座集生态、休闲、运动、商务、居住、商业、文化为一体的复合型湾区商务中心。大厦建成时是深圳湾畔的第一高楼，曾于 2019 年获得全国建筑钢结构行业大会颁发的“第十三届中国钢结构金奖工程”、世界高层建筑与都市人居学会颁发的“2019 年度最佳高层建筑（300 米～ 399 米组）大奖”。

中国华润大厦总建筑面积为 267 389 平方米，办公建筑面积为 206 250 平方米，建筑高度为 392.5 米，地上 66 层，地下 5 层。建筑由 56 根外部细柱从底部的斜肋构架延伸，以流畅的弧线在顶部汇聚形成水晶型顶盖，塔顶是一个单件式组装的不锈钢塔尖。同时，大厦采用了“密柱钢框架 – 核心筒”结构体系，在垂直力传导方面更加高效，这是国内首次将这一结构体系应用在超高层建筑上。

为保证建筑外形流畅，内部核心筒剪力墙逐层收进，整体内收距离达到 3.2 米，在 48 ～ 50 层的 15.5 米高墙体内收 2.1 米，呈 8 度倾斜，这也是全国首例。

中国华润大厦作为华润深圳湾项目的重要组成部分，其设计参考了春笋的自然形态，直插向天际。春笋在中国传统文化中是生命与活力的象征，寓意着中国经济发展节节攀升，拥有进取、突破与无限生长的潜力。

中国华润大厦

外文名称：China Resources Tower
建造年代：2012年
高度：392.5米
位置：中国深圳市南山区深圳湾

中央电视台总部大楼

中国

中央电视台新台址建设工程是经国家发展计划委员会正式批准立项的大型公共文化设施建设项目，在当时主要用于承担奥运会主办国电视主播台的任务，是2008年北京奥运会的重要配套工程。

中央电视台总部大楼位于北京市朝阳区中央商务区核心地带，主要由主楼、电视文化中心及附属配套设施组成。主楼有两栋，分别为52层、高234米和44层、高194米的塔楼。两座塔楼双向内倾斜6度，在163米以上由14层、56米高、重1.8万吨的L形悬臂钢结构连接，建筑外表面的玻璃幕墙由不规则几何图案组成。大楼总建筑面积为473 000平方米，在当时号称“中国公共建筑‘第一单’”。

按不同业务功能需求，主楼分为行政管理区、综合业务区、新闻制播区、播送区、节目制作区5个区域，另有服务设施及基础设施用房。电视文化中心包含酒店、电视剧场、录音棚等不同的功能设施。其他附属配套设施主要为能源服务中心、停车设施及警卫楼等。

作为一个优美而有力的雕塑形象，中央电视台总部大楼既能代表当时新北京的形象，又能用建筑的语言来表达电视媒体的重要性和文化性。其结构方案新颖、可实施，也将翻开中国建筑界新的一页。

中央电视台总部大楼

外文名称：CCTV Headquarters
建造年代：2004年
高度：234米
位置：中国北京市朝阳区东三环中路32号

东方明珠广播电视塔

中国

东方明珠广播电视塔坐落在上海市黄浦江畔，背靠陆家嘴地区现代化建筑楼群，于1991年7月30日动工建造，1994年10月1日建成投入使用，是集都市观光、时尚餐饮、购物娱乐、历史陈列、浦江游览、会展演出、广播电视发射等多功能于一体的上海市标志性建筑之一。

东方明珠广播电视塔为多筒结构，由3根斜撑、3根立柱及广场、塔座、下球体、5个小球体、上球体、太空舱、发射天线桅杆等构成，总高468米，总建筑面积达10万平方米，内设有5个观光层，是鸟瞰上海全市的最佳场所之一。

主体塔座直径为158.4米，共3层，中心部分直径为60米，为电视塔的大堂和电梯厅。塔身包括下、上、顶三个球体结构，下球体为预应力混凝土壳体，直径50米，中心标高93米，共4层，设有室内游乐场、下球体有变配电间等设施；上球体为悬挂结构，直径45米，中心标高272.5米，共9层，设有各种机房、KTV、旋转餐厅、瞭望平台等设施；顶球体为太空厅，中心标高342米，球体直径16米，共4层，分别为电梯机房、会议厅、观光层、管道层。

东方明珠广播电视塔

外文名称：Oriental Pearl TV Tower
建造年代：1991年
高度：468米
位置：中国上海市浦东新区陆家嘴世纪大道1号

颐和园

中国

颐和园前身为清漪园，是中国清朝时期的皇家园林，全园占地 3.009 平方千米，与圆明园毗邻。它是以昆明湖、万寿山为基址，以杭州西湖为蓝本，汲取江南园林的设计手法而建成的一座大型山水园林，也是保存最完整的一座皇家行宫御苑，被誉为“皇家园林博物馆”。

颐和园规模宏大，主要由万寿山和昆明湖两部分组成。园内建筑以佛香阁为中心，有景点建筑物百余座、大小院落 20 余处。园内的 3555 处古建筑，包括亭、台、楼、阁、廊、榭等不同形式的建筑 3000 多间。园内还有 1600 余株古树名木。其中佛香阁、长廊、石舫、苏州街、十七孔桥、谐趣园、大戏台为代表性建筑。

颐和园 

外文名称：The Summer Palace
建造年代：1750年
占地面积：3.009平方千米
位置：中国北京市海淀区新建宫门路19号

以仁寿殿为中心的行政区，是当年慈禧太后和光绪皇帝临朝听政、会见外宾的地方。自万寿山顶的智慧海向下，有一条长 700 多米的“长廊”，长廊枋梁上有彩画 8000 多幅，号称“世界第一廊”。

印度著名建筑

印度河和恒河流域是古代世界文明发达地区之一，是佛教、婆罗门教、耆那教的发祥地，后来又流行伊斯兰教，其建筑发展史与印度的宗教、历史和文化等方面有着密切联系。

从公元前 2600 年到公元前 1900 年，城市开始在印度河流域及其周边的大片地区内形成。在哈拉帕文明鼎盛时期建造的哈拉帕城和摩亨佐 – 达罗城两座城市至今仍有遗址留存，规划良好的道路、排水系统和精心设计的住宅和公共建筑显示了高度的组织性和先进的技术。

随着时间的推移，印度的建筑风格经历了不同的发展阶段，受到了来自各个王朝和地区的影响。同时随着宗教的兴起，宗教建筑占据了古印度建筑中的重要地位，各种寺庙、佛塔等建筑如雨后春笋般涌现。

公元前 3 世纪至公元 12 世纪，在今日印度中央邦博帕尔附近的桑奇村附近（今为桑吉佛教遗址）修建的大量佛塔、修道院、寺庙及圣堂是古代印度宗教建筑的重要代表。建于孔雀王朝阿育王时代的桑吉大塔是这里最著名的建筑之一，这座塔是

◆泰姬陵

◆胡马雍陵

目前保存最完好的窣堵坡形式的塔，其丰富的雕刻作品是古印度佛教艺术的精粹。

除了寺庙，宫殿也是印度古代建筑中的重要组成部分。作为统治者的住所和行政中心，豪华精致的宫殿建筑群展示了皇室的荣耀和富饶。其设计注重对称、均衡，常常采用华丽的装饰和细致的雕刻展示统治者的财富和品位。著名的印度宫殿包括拉贾斯坦邦的琼沙勒宫和卡尔封玛哈尔宫等。

崇拜伊斯兰教的莫卧儿帝国（1526−1857）统治印度时，印度各地建造了大量具有波斯风格的清真寺、陵墓、经学院和城堡。这些建筑多以大穹顶为中心作集中式构图，四角有体形相似的小穹顶衬托，立面设有尖券的龛。墙体多用紫赭色砂石和白色大理石装饰，广泛使用大面积的大理石雕屏和窗花，轮廓饱满，色彩明朗，装饰华丽，具有强烈的艺术效果。泰姬・马哈尔陵、胡马雍陵是印度伊斯兰建筑的代表作品。

进入近现代后，印度建筑受到欧洲殖民国家的影响，开始呈现出百花齐放的姿态，各种风格的建筑大大增加了印度城市的视觉多样性。

◆德里莲花庙

阿格拉红堡

印度

阿格拉红堡坐落在亚穆纳河畔，从 16 世纪到 18 世纪初，阿格拉一直是统治全印度数百年的莫卧儿王朝的首都所在地。作为莫卧儿王朝皇城的阿格拉红堡，则体现了古代印度建筑艺术的巅峰成就。

现如今，阿格拉红堡已成为伊斯兰教建筑的代表作、世界著名的文化遗产和印度著名的旅游胜地，是印度三大红堡之一（另两座是德里红堡和法地普尔·希克利）。

阿格拉红堡由阿克巴大帝于 1526 年下令建造，耗时近 8 年完工。其孙子沙贾汗继位后又增建了一些殿宇，使阿格拉红堡成为一座无比壮丽的皇家宫殿建筑群，距今已有 400 多年的历史。

阿格拉红堡总占地面积约 38 万平方米，外围由高 20 米、长约 2.5 公里的红色砂石城墙围成，坚固雄伟，在建造初期具有防御作用。城墙上面布满了清晰可见的精美艺术雕刻，标志着莫卧儿王朝的兴盛与繁荣。

阿格拉红堡具有宫殿和城堡的双重功能，红堡内的建筑物曾多达 500 多座，但保留至今的很少。现今堡内有著名的“谒见之厅”，是莫卧儿王朝帝王接见大臣、使节的地方，另有公众厅、贾汗吉尔宫、八角瞭望塔、珍宝清真寺和莫蒂清真寺等建筑物。

贾汗吉尔宫是城堡中规模最大的住所，是阿克巴大帝为自己心爱的儿子，即后来的莫卧儿帝国第四位帝王贾汗吉尔所建。宫殿全部采用红砂岩建造，宫内大院四周有二层小楼环绕，宫墙金碧辉煌，顶部两端有小塔耸立，内部木质柱梁连接的托架上雕有精美的动物和花卉图案。

1983 年，根据文化遗产遴选标准（iii），阿格拉红堡被联合国教科文组织世界遗产委员会批准作为世界文化遗产列入《世界遗产名录》。

阿格拉红堡

外文名称：The Agra Old Fort
建造年代：1526年
占地面积：38万平方米
位置：印度北方联邦亚穆纳河畔阿格拉市

泰姬陵

泰姬陵全称为泰姬·玛哈尔陵，是莫卧儿王朝第五位皇帝沙贾汗为他的爱妻泰姬·玛哈尔修建的陵墓，现已成为世界新七大奇迹之一，也是印度知名度最高的古迹之一，有“印度明珠”的美誉。

泰姬陵从泰姬·玛哈尔去世的1631年开始建造，历时22年，动用两万余人，终于在1653年落成。为了修建这座巨大的陵墓清真寺，莫卧儿王朝召集了全印度最好的建筑师和工匠，还聘请了中东、伊斯兰地区的建筑师和工匠，最后更是耗竭国库，才建成了这么一座在平衡、对称以及各种元素和谐融合方面具有独特美学特质的建筑艺术瑰宝。

泰姬陵长576米，宽293米，总面积为17万平方米，四周被一道红砂石墙围绕，正中央是陵寝。陵寝左右对称工整，中央圆顶高62米，四周各建有一座尖塔，塔高40米，内有50层阶梯，专供穆斯林信徒登高诵读《古兰经》。塔与塔之间耸立着镶满35种不同类型宝石的墓碑。

陵寝东西两侧各建有一座清真寺，两座建筑对称均衡，左右呼应。泰姬陵的大门是一座赭红色的建筑物，严谨的对称式构图充分体现了伊斯兰建筑艺术的庄严肃穆、气势宏伟的独特魅力。大门与陵墓由一条宽阔笔直的用红石铺成的甬道相连接，甬道两边是人行道，人行道中间修建了一座十字形喷泉水池。

作为外来统治王朝建筑的精髓，泰姬陵既有印度传统艺术的底蕴，又有伊斯兰和阿拉伯艺术的特色，多元文化的融合和创新造就了泰姬陵这座世界建筑史上的丰碑。

泰姬陵

外文名称：Taj Mahal
建造年代：1631年
占地面积：17万平方米
位置：印度北方联邦亚穆纳河畔阿格拉市

胡马雍陵

印度

胡马雍陵位于印度首都新德里的东南郊亚穆纳河畔，是莫卧儿帝国创始人巴卑尔之子、帝国第二代君主胡马雍及其皇后的陵墓，建于 1570 年。这座陵墓建筑群规模宏大，布局完整，对称性极强，是印度现存最早的莫卧儿式建筑，也是印度第一座花园陵寝，开创了伊斯兰建筑史上的一代新风，具有特殊的文化意义，著名的泰姬陵也是以此为范本所建。

整个陵园坐北朝南，四周环绕着长约两千米的红砂石围墙。陵园大门是一个用灰石建造的八角形楼阁式建筑，建筑表面用大理石和红砂石碎块镶嵌成一幅幅绚丽的图案。陵园正中是一座高约 24 米，由红色砂岩构筑的陵墓，下方是边长 47.5 米的正方形石台，陵墓四周有 4 座大门，门顶呈圆弧形，四壁是分上下两层排列整齐的小拱门，陵墓顶部中央有一半球形的白色大理石圆顶。

胡马雍和皇后的墓冢位于陵墓的正中，两侧宫室有莫卧儿王朝5位帝王的墓冢。陵墓内部布局呈放射状，通向两侧高 22 米的八角形宫室，宫室上面各有两个圆顶

八角形的凉亭，为中央的大圆顶作陪衬，宫室两侧是翼房和游廊。

陵园内还有一座景色优美的大花园，树木林立，芳草如茵，喷泉四溅，不愧为花园陵墓。

胡马雍陵 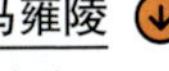

外文名称：
Mausoleum of Humayun
建造年代：1570年
占地面积：16万平方米
位置：印度新德里市东南郊

阿姆利则金庙

印度

阿姆利则金庙，又称为维西瓦纳特庙，位于阿姆利则市恒河浴场以北，是印度锡克教最大的寺庙，庙内供奉的是印度教三大神之一的湿婆大神。因其奢华的装饰和优美的造型，被誉为“锡克教圣冠上的宝石”，同时也被锡克人尊称为“上帝之殿”。现如今它不仅是锡克教徒的圣地，也是印度著名的旅游胜地之一。

阿姆利则金庙由锡克教第五代祖师阿尔琼在 1589 年主持建造，1601 年完工，迄今已有 400 余年历史。其后数百年时间里，金庙曾屡遭劫掠，又几经重建修复。在 1830 年重修时，工匠用了 100 公斤黄金将整座金庙的庙门及大小 19 个圆形寺顶均贴满金箔，因此该庙才有了金庙的俗称。

阿姆利则金庙环“奈克塔尔”池而建，阿姆利则也因该池而得名，池水更被锡克人奉为圣水。金庙总面积约 10 万平方米，呈长方形布局，湖四周围绕着十几米宽的黑白大理石。庙内共分 12 个区域，除圣湖中央的圣殿外，还有香客休息室、诵经堂、法师起居室、修道殿、膳厅、储藏和陈列室等，一条 60 米长、装饰精美

的栈桥将圣殿与湖边平台相连。

阿姆利则金庙的主体建筑坐落在这座人工开凿的、面积 1500 平方米的圣湖中间。金庙分为三层，第一层是教徒祈祷大厅，大理石板地面上嵌有优美的几何图案，四根雕花大理石柱分布在厅四周。第二、三层为经室、圣物室和博物馆，这两层以上的外立面都铺上了镀金的铜叶片，使整座建筑金光闪闪，在阳光、灯光和湖水的映射下绽放出夺目的光彩。

阿姆利则金庙顶部为一大金圆顶，四周有呈梅花形的 4 个金顶，其金色的外表和精巧的外观在水光的倒映下显得既金碧辉煌又肃穆端庄。

阿姆利则金庙

外文名称：Golden Temple Indiaa
建造年代：1589年
占地面积：10万平方米
位置：阿姆利则市恒河浴场以北

德里莲花庙

印度

德里莲花庙，又名巴哈伊寺或灵曦堂，位于印度德里市东南部，由法国著名建筑师法力普·沙巴设计，建于 1986 年，是一座巴哈伊教的礼拜堂。因其外貌像一朵盛开的莲花，故称莲花庙。莲花庙凭借标新立异的外观设计，已经成为新德里独一无二的地标性建筑。

莲花在印度教和佛教中被奉为神物，在当代印度人心目中贵为国花。巴哈伊教具有很强的包容性规定任何宗教信仰的人都可以在这里无差别地崇拜自己的神祇，因此这朵莲花也是不同宗教相互包容与共存的象征。

德里莲花庙全部采用白色大理石建造，高 34.27 米，底坐直径 74 米，由三层花瓣组成，每层 9 片花瓣，底层是盛开的，中间层半开，顶层含苞欲放。底座边上有 9 个连环的清水池，衬托着这巨大的“水上莲花”。简洁的造型与独特的设计，使得这座庙宇具有明显的现代主义风格，纯白的颜色烘托出宁静的宗教气氛，使游客和信徒们都能得到精神上的放松。

高大空旷的庙宇内部装饰比较素雅，没有过多的色彩和神像，也没有雕刻、壁画、供奉的烛火等装饰物，唯有光滑的地板上安放着的一排排白色的大理石长椅，供访客静思、冥想。

德里莲花庙 

外文名称：Lotus Temple
建造年代：1986年
高度：34.27米
位置：印度德里市东南部

日本著名建筑

日本的地理环境与欧洲的英国十分相似，同样是一个四面环海的岛国，与亚洲大陆隔海相望。地理上的孤立性使得日本在建筑、绘画、文学等方面都展现出与大陆文明截然不同的面貌。日本文化深受中国文化的影响，建筑的形式亦不例外，尤其是中世纪的日本建筑。从自我发展到借鉴他国建筑技艺，再到与自身文化、地理情况相结合，形成独特的本国建筑艺术，日本经历了漫长的岁月。

日本最早的建筑起源于原始的古冢或竖穴，后来在环湖区域出现了高脚楼样式的民宅村落。随着时间的推移，土质、石质结构的房屋开始取代单纯的木材搭建的住所。为了保持通风散热和保存粮食，日本多用木板作为房屋地面，这样的建筑风格也延续到了今日，成为日式建筑的一大特色。

公元 4 世纪之后，随着统治阶级的出现，日本建筑开始有了明显的等级划分，皇室宫廷建筑和陵墓逐渐出现并成熟，至今仍有遗迹留存。比较著名的有倭王赞（仁德天皇）的陵寝——大仙陵古坟。

◆法隆寺

◆伏见稻荷大社

公元 6 世纪的飞鸟时代是日本建筑真正成体系发展的开始，这一时期的飞鸟样式建筑仍有留存，例如日本现存最古老的木构建筑——法隆寺。日本的官方建筑也明显受到了中国隋唐时代的佛寺、佛塔，以及长安的宫殿和街市的影响，几乎可以说是启蒙式的。日本留存至今的许多古建筑都带有明显的唐代风格。

在 8 世纪后期至 12 世纪的平安时代，日本建筑经历了史上最具特色的时期之一，来自中国的唐风逐渐向着日式和风演变，唐代建筑开始日本化，并在奈良时代趋于成熟。典型建筑有比睿山延历寺、高野山金刚峰寺、东大寺、药师寺等。

19 世纪末，日本现代建筑开始兴起，初时多为仿效西欧，由原先的木结构转变为砖木混合或砖石结构的洋风建筑，重要作品有筑地旅馆、赤坂离宫等。二战后，日本经历了漫长的经济恢复时期才有精力发展建筑艺术，这一时期产生了一些标志着日本现代建筑趋于成熟的作品，比如广岛和平中心。发展至今，日本建筑越来越有东西方融合、承古创新的风貌，建筑师的创作活动也日益活跃。

◆广岛和平中心

法隆寺

日本

法隆寺又称斑鸠寺，全名为法隆学问寺，位于日本奈良县生驹郡斑鸠町，是飞鸟时代建造的佛教木结构寺庙。法隆寺拥有 14 个世纪的历史和传统，寺庙内引人入胜的木制建筑和结构再现了彼时日本的面貌，是日本首座在 1993 年被联合国教科文组织指定为世界文化遗产的寺庙。

法隆寺由推古天皇和圣德太子于公元 607 年建立，圣德太子是当时的摄政王，也是在日本大力推行佛教的倡导者。修建完成后，法隆寺就一直是宗教活动的举办场所。千余年以来，法隆寺多次遭毁，但最终经过修缮后保存至今，成为世界上现存最古老的木结构建筑之一。

法隆寺占地面积约 18.7 万平方米，寺内保存有大量自飞鸟时代以来陆续积累，被日本政府指定为国宝、重要文化财产的建筑及文物珍宝。寺内总共拥有约 2500 件重要的历史文化遗产和建筑，描述了 1400 年间日本历史的方方面面，其中有近 190 件被指定为日本国宝或重要文化财产。

法隆寺由两个区域组成，即以五重塔和金堂为中心的西院，以及主要建筑围绕着梦殿建造的东院。在法隆寺内，55 座被指定为国宝或重要文化财产的建筑中，西院伽蓝是现存最古老的木构建筑群，其中的五重塔则是世界上现存最古老的木塔。塔身从其基部起高约 32.5 米，内有一中心柱，由一棵据说于公元 594 年砍伐的柏树雕刻而成。连接塔柱两端的榫卯结构是灵活的，可以有效地帮助整座塔吸收日本较为频繁的地震活动所带来的震动。

西院内的金堂，也称重檐歇山顶佛堂，是世界上现存最古老的木制建筑之一，其中供奉着该寺最重要的一些文化财产。金堂有两层，但第二层不是房间而是额外增设的屋檐，四角支撑柱上有龙形雕刻。堂内分中间、东间、西间，分别供奉释迦如来、药师如来、阿弥陀如来，堂内的壁画是日本佛教绘画的代表作，在国际上也享有盛名。

法隆寺

外文名称：Buddhist Temple in the Horyu-ji Area
建造年代：公元601年
占地面积：18.7万平方米
位置：日本奈良县生驹郡斑鸠町

鹿苑寺

日本

鹿苑寺坐落在日本京都府京都市北区，是一座最早建成于 1397 年的临济宗相国寺派的寺院。最初它是日本室町时代著名的足利家族第三代将军义满修建的住所，后因为寺内核心建筑——祭祀释迦佛骨的“舍利殿”外墙全用金箔装饰，又被称为金阁寺。它是室町时代的建筑代表作，不仅被日本指定为宝贵的文物和著名的旅游景点，还是闻名遐迩的世界文化遗产之一。

在应仁之乱中，鹿苑寺内大部分的建筑物都遭到焚毁，只有主建筑物舍利殿幸免，成为北山文化唯一的建筑遗址。然而在 1950 年，舍利殿因为一名僧人放火自焚而被完全烧毁。如今人们所看到的舍利殿是 1955 年工匠根据上述明治 37 年到 39 年间解体修理时制作的图纸、照片、古文书等资料为基础重新修复建造的。1987 年，全殿外壁的金箔装饰皆全面换新，才成为目前所见的状态。

重建后的舍利殿是一座紧邻镜湖池畔的三层楼阁状建筑，寺顶有宝塔状的结构，顶端有象征吉祥的金凤凰装饰。一楼是法水院，为寝殿造风格的阿弥陀堂，

造型延续了藤原时代的样貌，没有贴金箔而是用木头制作；二楼是镰仓时期的潮音洞，用以祭祀观音，是一种武士建筑风格的建筑物；三楼则为中国唐朝风格的究竟顶，安放了三尊阿弥陀，是禅宗佛殿建筑。三种不同时代、不同风格的建筑在一栋建筑物上实现了完美调和与统一。

舍利殿一层与二层的平面形状和大小相同，正面有 5 根柱，侧面有 4 根柱。三层则小了一圈，每边有 3 根柱。一层的西面，有一个附属的被称为“漱清”的小亭子延伸到湖中，二层与三层的外面（包括围栏）全部贴满金箔（烧毁前的金阁只有第三层才贴有金箔），在阳光的照耀下显得无比璀璨。

鹿苑寺

外文名称：Kinkaku-ji
建造年代：1397年
占地面积：13.2万平方米
位置：日本京都市北区

白鹭城

日本

白鹭城，又称姬路城，位于日本兵库县姬路市，是日本现存的古代城堡中规模最宏大、风格最典雅的一座。它与熊本城、松本城并称为日本三大名城。“白鹭”之称来源于其纯白色的外墙和犹如展翅飞翔的白鹭般的屋檐造型。

这座城堡兴建于 1346 年，在江户时代初期，经历了 9 年的大规模翻新，形成了目前人们所看到的宏伟外观。建城数百年来，白鹭城奇迹般地躲过了多次毁灭性的打击，包括幕府末期的战乱、明治时代的废城令、二战时的轰炸，都未能使其损毁，因此完整度较高，被誉为“日本第一名城”。

整座城堡展现了典型的 17 世纪早期的城堡设计和布局，呈三重螺旋形排布，由中心部分的大天守阁、三座小天守阁（东小天守阁、西小天守阁、乾小天守阁）等共 83 座建筑群连接而成，设计复杂而精巧，展示了幕府时代高度发达的防御系统和精巧的防护装置。这些建筑在保证了防御功能的同时，将有效的功能作用与巨大的美学吸引力结合在一起，堪称木结构建筑的典范之作。

天守阁位于城内最高的地方，大天守阁采用四层叠加的建筑构造，由许多立柱以及宛如迷宫的弯曲通道连接，能发挥防御作用，阻止敌人入侵。

白鹭城

外文名称：Himeji-jo
建造年代：1346年
占地面积：107万平方米
位置：日本姬路市中心

清水寺

日本

清水寺是日本京都最古老的寺院之一，位于京都市东山区的清水。清水寺的山号为音羽山，主要供奉千手观音，原本属于法相宗，但目前已独立，成为北法相宗的大本山。清水寺是日本平安时代建筑的典型代表，其风格酷似中国唐代的建筑风格，显然是受到中国文化影响而修建的。

清水寺因清水而得名，顺着奥院的石阶而下便是音羽瀑布，清泉一分为三，分别代表长寿、健康、智慧，被列为日本十大名泉之首。

宝龟 9 年（778 年），延镇上人在音羽的瀑布上参拜观音，修建了一座寺院。到了延历 17 年（798 年），坂上田村麻吕改建为佛殿，从此该寺成为恒武天皇的敕愿寺。然而由于历史久远，寺院多次遭受损毁，现存的清水寺为公元 1633 年由德川家第三代将军德川家光捐资重修的。

清水寺占地面积达 13 万平方米，内有近 30 栋木结构建筑物，东西方有西门、

三重塔、经堂、开山堂、轰门、朝仓堂、本堂、阿弥陀堂等建筑，周围的建筑有仁王门、马驻、钟楼、北总门等。

寺庙中心的本堂被日本指定为国宝，是宽永 10 年（1633 年）修建的建筑物。正殿悬空建造，宽 19 米，进深 16 米，表面铺丝柏木板，木板长 5.5 米，宽 30 ~ 60 厘米，厚 10 厘米，共约 420 块。下面支撑的 139 根木柱是榉木，最长的木柱约 15 米，最大直径约 80 厘米。殿顶铺有数层珠形的桧树皮瓦，气势宏伟，结构巧妙，宛如硕大的舞台，又称清水舞台。

本堂正殿供奉着木造十一面千手观音立像，下方有著名的音羽瀑布与祈求分娩顺利的子安塔。本堂斜对角是奥之院，是清水寺的本源，比本堂小，供奉着千手观音、毗沙门天、地藏菩萨、风神雷神等神像。

清水寺

外文名称：Kiyomizu Temple
建造年代：778年
占地面积：13万平方米
位置：日本京都市东山区清水

东京晴空塔

日本

东京晴空塔，又称东京天空树、新东京铁塔，是位于日本东京都墨田区的电波塔，主要作为东京数字无线电视的信号发射站以及游客观光塔使用。

东京晴空塔

外文名称：Tokyo Skytree
建造年代：2008年
高度：634米
位置：日本东京都墨田区

东京晴空塔于 2008 年 7 月 14 日动工，2012 年 2 月 29 日完工，同年 5 月 22 日正式启用。其主要目的是降低东京市中心内高楼林立而造成的电波传输障碍，因此塔高达 634 米。2011 年 11 月 17 日，东京晴空塔获得吉尼斯世界纪录，被认证为全世界最高的塔式建筑，亦为世界第二高的人工构造物，仅次于迪拜的哈利法塔。

除了其高度备受瞩目外，东京晴空塔的外观也十分具有特色。塔身呈圆柱形，建在一个三角形的底座上，随着高度的上升而逐渐变细。距离地面 350 米及 450 米处各设有一座观景台，第一观景台地板用强化玻璃制成，仿佛凌空俯瞰地面；第二观景台称为天望回廊，以环状式绕着晴空塔，全长 110 米。

它的外表色彩以日本的传统色、最淡的靛蓝染色“蓝白”为基调，钢铁铸造的塔身微微散发出靛蓝色泽，与东京的天空交相辉映，呈现出日本传统美与未来设计的融合，不愧为“晴空”之名。

伏见稻荷大社

日本

伏见稻荷大社是日本稻荷神社的总本社，供奉着以宇迦之御魂神为首的，保佑五谷丰登、生意兴隆的五位稻荷大神。它既是日本民间的神社，也是王室的神社，古代日本天皇经常向神社捐献香火。

伏见稻荷大社建于711年，社里有一条长廊通往233米高的稻荷山，沿途分布着许多石头祭坛（大冢），并且排列着约10000座朱红色的鸟居，被称为“千本鸟居”，蔚为壮观，是京都最著名的景观之一。

这些鸟居是日本各地的公司和个人向神社捐献的，因为人们相信鸟居的神性有助于生意兴隆，有些鸟居甚至可以追溯到江户时代。而且人们认为狐狸是稻荷神的使者，因此在神社各处都能看到狐狸的雕像。

伏见稻荷大社的正门是一座二层的歇山顶楼式山门，与鸟居一样用朱红色装饰，金漆描边。二楼上有一圈朱红栏杆，上面竖悬着写着“伏见稻荷大社”汉字

的匾额。山门两边是象征稻荷神的两座狐狸雕像。

山门后是一处歇山顶的外拜殿，由木材和瓦片建造而成，呈现出典型的日本建筑风格，周围用红色的栅栏围成玉垣，神职人员会在其中举行各种仪式。

伏见稻荷大社 

外文名称：Fushimi Inari Shrine
建造年代：711年
占地面积：87万平方米
位置：日本京都市伏见区
深草薮之内町68番地

韩国著名建筑

韩国古时与中国相邻，由于有着陆路与海路的便利，从唐代以来就接受了来自中国的文化熏陶，同时也受到日本建筑形式的影响。在融合中国、日本传统建筑中诸多元素的过程中，韩国坚守着自己特有的、富有个性的艺术风格，逐步形成了自己的建筑体系。

韩国建筑大多强调与自然和谐共存，建筑形制朴实无华，较少表现出像中国传统艺术那样宏伟和超绝，也缺乏像日本艺术那样成熟的装饰意识与精准，但自有一派宁静、平和的哲学在其中。

自近现代以来，随着与外国文化和建筑等的接触，韩国传统建筑在技术、材料、形态、功能等方面开始出现转变。各种在欧美现代主义影响下的办公建筑、商业建筑、学校建筑等拔地而起，国家级的公共投资建设项目和以大型企业为中心的民间建筑项目也大量涌现。进入 21 世纪以来，韩国传统建筑风格与国际建筑风格交互融合，呈现出一派全新的景象，造就了如今的繁荣盛况。

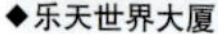

◆乐天世界大厦

◆景福宫

景福宫

景福宫是朝鲜半岛历史上最后一个统一王朝——朝鲜王朝的正宫，位于韩国首尔钟路区社稷路 161 号，是首尔五大宫之首，朝鲜王朝前期的政治中心。景福宫始建于 1395 年，得名于《诗经》中"君子万年，介尔景福"的"景福"二字。王宫的面积与规制严格遵循与宗主国——中国的宗藩关系，为亲王规制的郡王府，依照明代王府的建制修建，所有建筑均以丹青之色来区别于中国皇宫所用的黄色。

景福宫占地面积 57.75 公顷，呈正方形，南面是正门光化门，东为建春门，西为迎秋门，北为神武门。宫内有勤政殿、思政殿、康宁殿、交泰殿、慈庆殿、庆会楼、香远亭等殿阁。其中，正殿勤政殿是韩国古代最大的木结构建筑物，是举行正式仪式以及接受百官朝会的大殿。

景福宫

外文名称：Gyeongbokgung Palace
建造年代：1395年
占地面积：57.75公顷
位置：韩国首尔钟路区社稷路161号

勤政殿殿内有宝座和藻井，殿身四周绕以回廊，殿前铺平石板，配色华丽的丹青、造型秀丽的藻井使建筑更加庄严肃穆，异常壮丽。殿前方的广场是百官朝会之地，广场的地面铺以花岗岩，分为三道。

乐天世界大厦

韩国

乐天世界大厦是一座位于韩国首尔特别市的摩天大楼，坐落在乐天世界附近，因此也被称为第二乐天世界。它是韩国乃至朝鲜半岛上最高的建筑物，也是世界上第五高的建筑。

乐天世界大厦由美国 KPF 建筑事务所设计，由乐天工程建设部承建，于 2010 年 11 月被政府批准兴建，并于隔年 3 月举行动工仪式，于 2016 年竣工。乐天世界大厦共有 123 层，地下 6 层，由瞭望台、酒店、办公区等组成，总高度达 555 米，总建筑面积为 304 081 平方米。

乐天世界大厦的地下 6 层至地下 2 层为地下停车场；1 ～ 2 层主要由金融中心、医疗健康中心和画廊组成；14 ～ 38 层为办公区，有多家跨国企业入驻；42 ～ 71 层为高级酒店式商务区，供用户办公、居住和休闲。

值得一提的是，大厦 117 ～ 123 层的“Seoul Sky”是世界上第三高的瞭望台（500 米），第 118 层的天空甲板是世界上最高的玻璃板眺望台。塔顶还设置了一座惊

险刺激的空中索桥，总长 11 米，离地距离 541 米。

乐天世界大厦的外观类似于修长的四方锥形，其设计融合了现代美学，建筑形式受陶瓷、瓷器和书法艺术的启发，借鉴青瓷曲线来塑造外形。外立面采用带有弧度变化且保持垂直的铝翅片，呈弧形向上延伸，光亮的银色玻璃构成白色金属网格图案，但在顶部没有重合，这种设计在英国的碎片大厦上也可以见到。

从乐天世界大厦的主入口进入塔楼内部，即可见到宽阔开放，贯穿 6 层的宏伟中庭，弯曲且形成巨大拱形的白橡木面板呼应了塔楼弯曲的外观，塔楼不同业态分区所对应的底层入口也同样采用了拱形天花板的设计。

乐天世界大厦 

外文名称：Lotte World Tower
建造年代：2011年
高度：555米
位置：韩国首尔特别市

昌德宫

韩国

昌德宫位于韩国首都首尔市钟路区，又称东阙，是首尔五大宫之一，是朝鲜太宗在明永乐三年（1405 年）继景福宫之后建成的第二座宫殿。殿阁完全按照自然地形设计而成，是朝鲜王宫中最具自然风貌的宫殿，也是朝鲜王宫里保存得最完整的一座宫殿。

昌德宫原是朝鲜国王的离宫，万历四十六年（1618 年），朝鲜王朝的正宫从庆运宫转移至昌德宫，之后的 250 年里，昌德宫取代景福宫一直作为朝鲜的正宫使用。昌德宫的面积与建筑体量依旧严格遵循与中国的宗藩关系，采用了中国《周礼》“前朝后寝”“三朝五门”之制，最大时有宫殿建筑 230 多间，占地面积 40.5 公顷，其中后苑占地达 30 公顷。现存建筑 13 座 60 余间。

昌德宫

外文名称：Changdeokgung Palace
建造年代：1405年
占地面积：40.5公顷
位置：韩国首都首尔市钟路区

宫殿依照地势自西南向东北依次排列，正殿仁政殿、便殿宣政殿、寝殿熙政堂、中殿大造殿等，分为外朝、治朝、燕朝和后苑 4 个部分。正门敦化门是两层门楼式木结构建筑，是宫内规模最大的宫门。

N首尔塔

韩国

N 首尔塔位于韩国首尔市龙山区南山，前称首尔塔或汉城塔，高 236.7 米，建于 1975 年，是韩国著名的观光点。塔身上安装了适用于不同季节和不同活动要求的照明设备，利用最新 LED 技术设计，根据不同季节和各种活动进行照射，每晚 7 点至 12 点都有 6 支探照灯在天空中拼出鲜花盛开的图案——首尔之花。

N 首尔塔由塔底层的广场空间（3 层）和周边露天空间、乘坐高速电梯上去的展望台空间——塔空间（5 层）构成，内设有播放电影预告片和音乐录像带的多媒体区、儿童体验学习馆及举办展览和演出的空间。

展望台 2 层的屋顶和地板部分使用了 30 厘米宽的玻璃，看上去十分惊险刺激。位于同一层的“天上卫生间”海拔 400 米，是首尔最高的卫生间。3 层放置了 4 台数字望远镜，可以接收到来自 60 多个地方的信息。5 层的 n.GRILL 西餐厅每 48 分钟转动 360 度，可以同时容纳 80 多位客人，在就餐的同时俯瞰首尔的美丽风景，天气晴朗时还可以眺望到仁川的碧海。

N首尔塔 

外文名称：N Seoul Tower
建造年代：1975年
高度：236.7米
位置：韩国首尔市龙山区南山

马来西亚著名建筑

马来西亚位于东南亚，是一个多民族的热带国家，拥有丰富的自然资源和多元文化。建筑风格也融合了马来文化、印度文化、华人文化以及殖民地时期欧洲的建筑元素，形成了一种多元化而又独特的风格。在马来西亚，人们可以看到伊斯兰风格的建筑、具有浓郁阿拉伯风格的圆顶建筑、马来民族风格的建筑、吉隆坡的欧洲建筑、马六甲的荷兰红屋建筑以及中国风建筑等。

马来西亚的建筑风格最多地受到马来文化的影响。马来人是马来西亚的主要民族，传统的马来建筑通常采用木材和竹子作为主要的结构材料，有斜坡屋顶和大型的前廊，以适应热带气候。

作为中国和印度之间海上贸易的中转站之一，马来西亚早在公元 5 世纪就开始接受外来文化的影响。佛教的传播使得该国修建了不少庙宇。印度文化中的建筑元素在马来西亚的建筑设计中得到了广泛应用，一些寺庙、宫殿和社区建筑通

◆粉红清真寺

常以鲜艳的颜色、华丽的雕刻和复杂的图案装饰为特色，著名代表有粉红清真寺等。

1511 年，葡萄牙人占领马六甲海峡后，新的建造技术和建筑形式引入马来西亚境内，这时占据主导地位的建筑是防御工事和教堂。1641 年，荷兰人从葡萄牙人手中夺过了马六甲海峡，荷兰红屋、荷兰式的房屋和教堂开始兴起。

英国也在马来西亚殖民过一段时间，留下了许多欧洲风格的建筑。例如马六甲的圣约翰红屋，这座建筑以其独特的红色立面和白色窗户闻名，是英式建筑和马来西亚传统建筑元素的融合。

中国建筑则主要影响了 15 世纪至 20 世纪中叶在马来西亚兴起的海峡折衷主义建筑风格，这些建筑更加适应热带气候，并融合了马来建筑和欧洲建筑的元素，显得十分有特色，体现了不同民族之间的融合与交流。

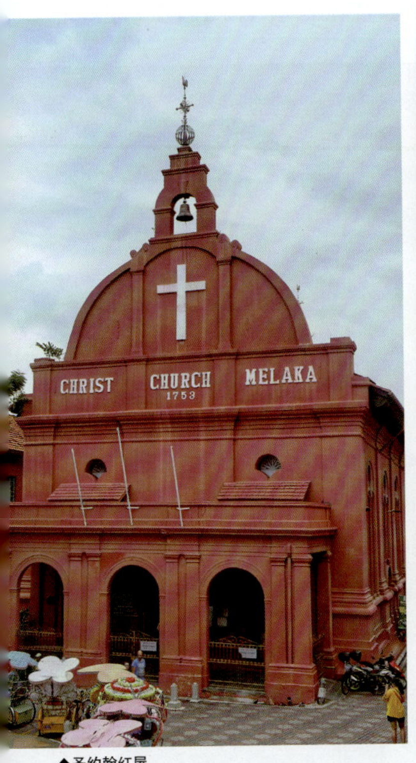

◆圣约翰红屋

◆吉隆坡石油双塔

吉隆坡石油双塔

马来西亚

吉隆坡石油双塔是马来西亚石油公司的综合办公大楼，坐落在马来西亚吉隆坡市中心 KLCC 计划区的西北角。它是目前世界上最高的双塔楼，当年建成时还是世界第一高楼，与邻近的吉隆坡塔同为吉隆坡的知名地标及象征。

吉隆坡石油双塔于 1993 年 12 月 27 日动工，1996 年 2 月 13 日正式封顶，1998 年正式完工。塔高 88 层，包含 74.32 万平方米以上的办公面积、13.935 万平方米的购物与娱乐设施、可容纳 4500 辆车位的地下停车场、一个石油博物馆、一个音乐厅以及一个多媒体会议中心。它在当时以 451.9 米的高度打破了美国芝加哥希尔斯大楼保持了 22 年的世界最高大楼记录，成为马来西亚的骄傲，也是马来西亚经济蓬勃发展的象征。

吉隆坡石油双塔的外墙为直径 46.36 米的混凝土外筒，中心部位是高强钢筋混凝土内筒，高轧制钢梁支托的金属板与混凝土复合楼板将内外筒连接在一起。连

接双峰塔的空中走廊是世界上最高的过街天桥，建在第 41 层和第 42 层处（距离地面 170 米），长 58.4 米，用于连接和稳固两栋大楼，并且开放参观，游客站在这里可以俯瞰吉隆坡最繁华的景象。

吉隆坡石油双塔 

外文名称：Petronas Twin Towers
建造年代：1993年
高度：451.9米
位置：马来西亚吉隆坡武吉免登区

粉红清真寺

马来西亚

粉红清真寺，又称玫瑰清真寺、水上清真寺等，坐落于马来西亚的新行政中心布城的布特拉湖边，毗邻首相府和布特拉广场，是马来西亚最大的清真寺，同时也是东南亚地区最大的水上清真寺。

粉红清真寺仿造摩洛哥卡萨布兰卡的哈桑清真寺而建，占地面积 5.5 公顷，于 1997 年动工，耗时两年，耗资 1000 万美元建成。粉红清真寺大量使用玫瑰大理石，使得外观呈现出柔美的粉红色，通过颜色的深浅和花纹的繁复来区分层次，既显得精致又不失庄重。

清真寺的主体建筑有四分之三建在水上，样式与装饰类似沙特阿拉伯麦加城的三大清真寺，主要由祈祷大厅、大尖塔和陵墓三部分组成。祈祷大厅的屋顶外观圆润光滑，由 49 个大小圆拱组成，最大的圆拱直径达 45 米，呈 18 条放射星芒，代表全国 13 个州和伊斯兰教的五大戒律。厅内分上下两层，可容纳 15 000 人聚礼。

大尖塔为宣礼塔，高 73 米，设有电梯和楼梯通往顶端。塔尖的形状类似火箭，其寓意是伊斯兰教与科学共同发展、一起繁荣。

主体建筑后方是陵墓区，有桥廊与清真寺相通，陵上有遮阳圆顶，陵内有数个墓穴。

粉红清真寺 

外文名称：Masjid Putra
建造年代：1997年
占地面积：5.5万平方米
位置：马来西亚布城布特拉湖边

苏丹阿都沙末大厦

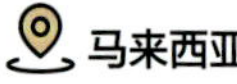

苏丹阿都沙末大厦曾经是马来西亚高等法院和马来西亚最高法院的所在地，也是马来西亚最重要的行政中心、马来西亚的历史见证地。

苏丹阿都沙末大厦 

外文名称：
Sultan Abdul Samad Building
建造年代：1897年
占地面积：1.03万平方米
位置：马来西亚吉隆坡独立广场

现在的苏丹阿都沙末大厦是文化遗产和旅游景点、吉隆坡市的重要标志性建筑之一，也是马来西亚许多重要活动的举办场地，例如国庆日大游行。

苏丹阿都沙末大厦位于马来西亚吉隆坡独立广场和皇家雪兰莪俱乐部前，由建筑师 A.C. 诺曼设计，为纪念苏丹阿都沙末而建。

1897 年大厦建成，呈现为一座混合了印度莫卧儿建筑、英国殖民地古典建筑和阿拉伯建筑风格的产物，曾经作为殖民者的总部用来容纳英国殖民地政府的几个重要部门。

该建筑物顶部有一座 41.2 米宽的大钟楼（至今仍显示着马来西亚标准时间），钟楼的造型类似英国的“大本钟”，因此也被称为马来西亚大本钟，钟楼的顶部有一个铜色的半球形圆顶。钟楼两侧各有一个塔楼，顶部也都有铜色圆顶。

土耳其著名建筑

土耳其是一个横跨亚欧大陆两洲的国家，北临黑海，南临地中海，西临爱琴海，地理位置和地缘政治战略意义极为重要，是连接欧亚大陆的十字路口。

土耳其人建立了古代世界上最强盛的国家之一——奥斯曼帝国，极盛时势力横跨欧亚非三大洲，将游牧部落的传统、波斯的艺术修养、拜占庭的政治文明和阿拉伯的科学文化融于一身，继承了东罗马帝国的文化及伊斯兰文化，因而东西方文明在此得以融合，形成了土耳其多元化的文化氛围和建筑形式。

伊斯兰教对土耳其建筑的发展产生了深远影响，大量采用大圆顶、尖顶和独特建筑布局的清真寺不仅是宗教场所，更是社区中心和文化中心。其中最著名的是苏丹艾哈迈德清真寺和圣索菲亚大教堂，其优美的尖顶和华丽的装饰令人叹为观止。

随着科技和工艺的进步，土耳其建筑也在不断地探索现代化建筑创新的可持续性解决方案。现代可持续建筑在设计和施工中融入了各种技术和策略，如节能照明系统、太阳能发电、雨水收集和再利用系统等。这些措施旨在降低建筑的能源消耗和水资源利用，并减少对环境的负面影响。

◆苏丹艾哈迈德清真寺

◆圣索菲亚大教堂

卡姆里卡电视广播塔

土耳其

卡姆里卡电视广播塔位于土耳其的伊斯坦布尔市，建筑面积 29 000 平方米，天线重量 950 吨，外墙总重 6720 吨，高 369 米，地上 53 层，地下 4 层，是伊斯坦布尔市海拔最高的建筑。该塔由麦里克·阿尔蒂西克建筑事务所设计，于 2016 年开始建造，2020 年竣工，同年 11 月开始其主要的电信功能。

这座地标建筑不仅打破了传统的结构设计和建造方式，还成功地将 125 个广播发射机和居住空间纵向整合在一起。塔楼的 39 层和 40 层设有咖啡厅和餐厅，33 层和 34 层设有观景台，可以俯瞰整个城市景观。

塔体造型以“未来派”的手法设计，塔顶附近水平错开，呈椭圆形，轮廓富有独特的动感和节奏感。站在伊斯坦布尔市的不同角度观看，这种结构展示的形状都有所不同。此外，不规则的设计和圆润的形体在抗风性能上有着卓越表现。塔楼内还设有展览空间和全景电梯，内部流线型条纹夹杂着灯饰，整座建筑由内到外呈现出韵律感。

卡姆里卡电视广播塔

外文名称：Camlica TV and Radio Tower
建造年代：2016年
高度：369米
位置：土耳其伊斯坦布尔

圣索菲亚大教堂

土耳其

圣索菲亚大教堂，又称圣索菲亚博物馆或阿亚索菲亚博物馆，位于土耳其伊斯坦布尔，是拜占庭帝国的主教堂，拥有近一千五百年的历史。它是拜占庭式建筑的典型代表、东正教的中心教堂，同时也是拜占庭帝国（即东罗马帝国）极盛时期的纪念碑。

在拜占庭帝国时期，君士坦丁堡（伊斯坦布尔旧称）是帝国的都城，为了炫耀罗马帝国的声势，罗马帝国的君士坦丁大帝将这

圣索菲亚大教堂

外文名称：St.Sophia Church
建造年代：公元532年
占地面积：721平方米
位置：土耳其伊斯坦布尔

座城市用喷泉、廊柱、中国的丝绸、非洲的珠宝、欧洲的雕刻、埃及法老的方尖碑、世界各地的香料、瓷器等装饰得精美豪奢无比。

公元 325 年，君士坦丁大帝还在这里建造了一座大教堂，即圣索菲亚大教堂的前身。在两座教堂都被暴乱摧毁后，公元 532 年，拜占庭皇帝查士丁尼一世下令建造第三所教堂——圣索菲亚大教堂，由物理学家米利都的伊西多尔和数学家特拉勒斯的安提莫斯设计，于公元 537 年竣工。

不过，经过了后世的战乱和修建，圣索菲亚大教堂早已不是当年的模样。奥斯曼帝国时期，圣索菲亚大教堂被改建为清真寺，周围矗立起 4 座高塔。

现在的教堂平面采用了集中式的造型，布局属于以穹顶覆盖的巴西利卡式。中央大穹顶直径为 32.6 米，离地 54.8 米，通过帆拱架设在 4 个大柱墩上，穹顶底部密排着一圈 40 个窗洞。巨型的圆顶没有用柱子来支撑，而是以拱门、扶壁、小圆顶等设计来支撑和分担穹顶的重量，展现了当年工匠们精湛的建筑技艺。教堂内部空间饰有金底的彩色玻璃镶嵌画，柱头、拱门、飞檐等以雕花装饰，十分精美。

苏丹艾哈迈德清真寺

土耳其

苏丹艾哈迈德清真寺是土耳其首都伊斯坦布尔市最重要的标志性建筑之一，因其墙壁上使用了两万多块来自土耳其瓷器名镇伊兹尼克的，以白色为底，刻有丰富花纹和图案的蓝彩釉贴瓷，远远看去呈现出清透的蓝色，又得名蓝色清真寺。

苏丹艾哈迈德清真寺的历史可追溯到 17 世纪初，1609 年，奥斯曼帝国的苏丹艾哈迈德命令建筑师迈赫迈特·阿加在原来的阿伊舍苏丹的王宫遗址上修建一座能与圣索菲亚大教堂相媲美的清真寺，以证明他是一个虔诚的伊斯兰教信徒。1617 年，苏丹艾哈迈德清真寺建成。

苏丹艾哈迈德清真寺是伊斯坦布尔最大的圆顶建筑，是拜占庭帝国的希腊文化和奥斯曼土耳其的突厥伊斯兰教文化相结合的建筑。

苏丹艾哈迈德清真寺的大殿长 72 米，宽 64 米，中央大圆顶直径达 27.5 米，通过角穹靠在 4 个突出的拱上。角穹则依次倚托在 4 个直径 1.6 米的圆形带凹槽的角柱上，4 个直径为 5.5 米的半圆顶拱卫在中央圆顶的四周，各个角边的小圆顶进一步将力传递到大殿外墙的柱墩上，构成了清真寺的底座。

大圆顶周围另有 30 多个较小的圆顶，由粉红色砾石、大理石或斑岩制成的大石柱构筑成的拱门相连接，层层升高，向中央圆顶聚拢，十分壮观优雅。

寺院内庭中心是一座用于洗礼的喷水池，四周环绕着 6 根大理石石柱。主体建筑的大穹顶和大殿侧面都分布着 260 扇透光性能极强的窗户，明媚的阳光照耀着殿内地面精美的紫红色土耳其地毯和四壁镶嵌的 2 万多块蓝色瓷砖拼成的各种图案，显得熠熠生辉，美不胜收。

寺周围建有 6 座宣礼塔，分 3 排对称地立于寺院的四角和中腰，均有纤细的圆锥形塔顶，还各有 3 节伸出墙外的环腰小阳台。这使得苏丹艾哈迈德清真寺成为全世界唯一拥有 6 座宣礼塔的清真寺。

苏丹艾哈迈德清真寺 

外文名称：Sultan Ahmed Mosque
建造年代：1609年
别称：蓝色清真寺
位置：土耳其伊斯坦布尔

托普卡帕宫

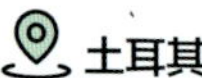

托普卡帕宫是位于土耳其伊斯坦布尔萨拉基里奥角的一座皇宫，始建于 1459 年，由征服拜占庭帝国的苏丹穆罕默德二世下令建造，在 1465 年至 1853 年一直是奥斯曼帝国苏丹在城内的官邸及主要居所。

奥斯曼帝国灭亡后，托普卡帕宫于 1924 年 4 月 3 日在政府政令下变成了帝国时代的博物馆。

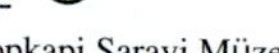

外文名称：Topkapi Sarayi Müzesi
建造年代：1459年
占地面积：70万平方米
位置：土耳其伊斯坦布尔萨拉基里奥角

在穆罕默德二世的设计中，萨拉基里奥角的最高点是私人宫殿及内部建筑的地点，其他的建筑及楼亭则围绕着皇宫的核心，往低处延伸到博斯普鲁斯海峡。

经过几个世纪的发展，托普卡帕宫的布局有所改变，现在的宫殿建筑群主要分为 4 个庭院及后宫，主轴由南至北。最外面的庭院，也就是第一庭院在南端，是众多庭院中最大的一个，又称禁卫军之庭或阅兵院。其他的庭院向北延伸，整个建筑群的面积约 70 万平方米。

宫殿四周有 5 公里长的宫墙环绕，有 7 座大门，其中 4 座朝向陆地，3 座朝向海洋，其中主要的一座大门面对圣索菲亚大教堂。宫殿内的建筑众多，著名景点有帝王之门、第一庭院、崇敬门、第二庭院、帝国议会、正义之塔等。这些建筑不仅外观宏伟，内部装饰如墙壁的色彩及壁画等，因受洛可可式建筑风格的影响，也显得十分精致。

在被改造成博物馆之后，宫殿内出了分瓷器馆、土耳其国宝馆、历代苏丹服饰馆、古代刺绣馆、古代武器馆、古代钟表馆等，还有一座图书馆及书法展览室。

沙特阿拉伯著名建筑

沙特阿拉伯位于亚洲西南部的阿拉伯半岛，东濒波斯湾，西临红海，是名副其实的“石油王国”，石油储量和产量均居世界首位，这使其成为世界上最富裕的国家之一。被称为圣城的麦加是伊斯兰教创始人穆罕默德的诞生地，位于此地的世界上最大的清真寺——麦加大清真寺也成为伊斯兰教徒的朝觐圣地。

受阿拉伯建筑风格和伊斯兰教的影响，沙特阿拉伯的建筑源远流长，承载着古老文明的瑰丽与深邃，其独特的风格在世界范围内享有盛誉。阿拉伯文化崇尚对称和秩序，因此在建筑中广泛运用各种各样的几何元素，如方格、六边形、八边形等，用于墙面、天花板、花坛、窗户以及建筑的细节装饰。

此外，沙特阿拉伯地区气候干旱，多沙漠，建筑注重私密性和封闭性，高墙、密闭的庭院、内部花园以及突出的建筑元素如穹顶和尖拱门，都为建筑营造了安静、神秘的氛围，既保护了居民的隐私，又可以营造出宜人的居住环境。

沙特阿拉伯的现代化建筑也极具代表性，融入了阿拉伯哲学、诗歌和艺术的元素，使建筑本身流淌着文化的血液。

◆麦加皇家钟塔饭店

◆麦加大清真寺

麦加皇家钟塔饭店

沙特阿拉伯

麦加皇家钟塔饭店位于沙特阿拉伯王国的伊斯兰教圣城麦加，坐落在世界最大的清真寺旁边，建筑高度为601米，共120层，是世界第四高楼，仅次于迪拜塔（828米）、东京晴空塔（634米）和上海中心大厦（632米）。目前，麦加皇家钟塔饭店坐拥世界最高的饭店、世界最高的钟塔、世界最大的钟面、世界最大的楼板面积等荣誉。

麦加皇家钟塔饭店由德国和瑞士的工程师共同设计，由沙特阿拉伯王国最大的建设公司沙特宾拉登集团承建，整个工程预计耗资 8 亿美元，主要目的是作为朝圣时期标准时间的校准之用。

这一座复合型建筑拥有 150 万平方米的楼板面积，最具特色的钟塔呈长方体，四面都有表盘显示时间，其中三面表盘的直径达 40 米，面向麦加大清真寺一面的高度为 80 米，宽 65 米，钟面上用黄金镶嵌着“伟大的安拉”的阿拉伯文，最高处是用黄金制作的一弯新月。

麦加皇家钟塔饭店

外文名称：Abraj Al Bait
建造年代：2004年
高度：601米
位置：沙特阿拉伯麦加城

王国大厦

沙特阿拉伯

王国大厦是沙特的标志性建筑，总耗资高达 20 亿里亚尔，占地面积 94 230 平方米，总建筑面积达 30 万平方米，共有 100 层，高 311 米，曾经是中东地区最高的建筑，现如今仍然保持着中东第二高楼的地位。

王国大厦在建筑设计上充分考虑了当地的气候特点，中间的圆拱形空洞设计能抵抗当地频发的沙尘暴，减少飓风对建筑物的影响。因其外观独特，曾被美国著名旅游杂志《旅游者》评为最新现代化建筑的“世界新七大奇观之一”。

王国大厦包括一幢塔式高楼、一座裙楼和一个地下停车场，楼内有大量的办公室、会议厅、一家五星级酒店和 44 间豪华套房。3 层的裙楼同样具备很多功能，除了银行、交易中心和理疗中心外，它还有着全中东最豪华的购物中心。

王国大厦

外文名称：Kingdom Tower
建造年代：2012年
高度：311米
位置：沙特阿拉伯利雅得市中心

摩天大楼顶部有一座长达 65 米的天桥，形似封闭的回廊，两侧有窗，游客在支付入场费后可以乘坐两部电梯到达楼层，这座桥提供了从任何地方都无法看到的利雅得的非凡景观。

马拉亚音乐厅

沙特阿拉伯

马拉亚音乐厅位于沙特阿拉伯历史名城埃尔奥拉的中心，是意大利设计公司 GiòForma Studio 和 Black Engineering 的联合作品。2020 年，马拉亚音乐厅创造了新的吉尼斯世界纪录，被誉为“世界上最大的镜面建筑”。

马拉亚音乐厅建筑周身覆盖了 9740 块、大约一万平方米的镜面，利用现代材料和光影效果倒映出周围的自然风光，使建筑与自然环境融为一体，营造出了一种兼具历史性与未来感的视觉冲击。建筑本身是一个可容纳 500 人的音乐厅，拥有艺术和文化景观、娱乐表演以及大型音乐和歌唱音乐会。除了是国际性活动、庆典、商业会议的举办地之地，音乐厅还是当代艺术作品的展览地。

马拉亚音乐厅

外文名称：Maraya Concert Hall
建造年代：2019年
占地面积：9740平方米
位置：沙特阿拉伯埃尔奥拉

音乐厅内部空间也广泛使用了代表沙特文化的几何图案和色彩，积极运用可持续能源、智能环境控制系统等新兴技术，确保了其环境友好性和能源效率，也提升了音乐厅作为表演艺术场所的功能性和舒适度。

麦加大清真寺

沙特阿拉伯

麦加大清真寺，又名禁寺，位于伊斯兰教的圣城，伊斯兰教创始人穆罕默德的诞生地——沙特阿拉伯麦加城中心，是伊斯兰教的第一大圣寺。

麦加大清真寺历史悠久，始建于公元 7 世纪，由先知伊布拉欣和先知易司马仪建造，后经过数十个世纪的发展逐渐扩大、完善。在 1925 年阿卜杜勒·阿齐兹国王执政时期和 1989 年法赫德国王在位时期的两次扩建下，麦加大清真寺从原来只能容纳几十万人的小寺院被扩大成可供百万人礼拜的世界上最大的清真寺，寺院内部占地面积扩大至 35.6 万平方米。

2011 年，沙特阿拉伯宣布预计耗资 800 亿里亚尔再度扩建麦加大清真寺。此次扩建将是有史以来规模最大的一次，完工后的麦加大清真寺总面积将从 35.6 万平方米扩至 81.2 万平方米，围绕麦加大清真寺的尖塔也将达到 11 座。

整个清真寺的墙壁、圆顶、台阶、通道都是用洁白的大理石铺砌，广场中央稍南是巍峨的立方形克尔白圣殿。克尔白圣殿用麦加近郊山上的灰色岩石建成，殿高 14 米多，终年用黑丝绸帷幔蒙罩，帷幔中腰和门帘上用金银线绣有经文，东

北侧装有两扇金门，高 3 米，宽 2 米，用 286 公斤赤金铸成。殿内用大理石铺地，3 根大柱支撑殿顶。

寺内还有精雕细刻的 25 道大门、6 道小门和 7 座高 92 米的尖塔，这 7 座塔环绕着圣寺，象征着一周的天数，24 米高的围墙将门和尖塔连接起来。

麦加大清真寺

外文名称：Great Mosque of Mecca
建造年代：公元638年
占地面积：35.6万平方米
位置：沙特阿拉伯麦加城

阿联酋著名建筑

阿拉伯联合酋长国简称阿联酋，首都为阿布扎比，总面积约 83600 平方千米，海岸线长约 734 千米，由 7 个酋长国组成。阿联酋位于阿拉伯半岛东部，西和南与沙特阿拉伯交界，东和东北与阿曼毗连，北临波斯湾，与伊朗隔海相望，属于热带沙漠气候，主要由平原、山地和洼地组成，石油和天然气资源非常丰富，居民大多信奉伊斯兰教，多数属于逊尼派。

因此，阿联酋地区的传统建筑极大地受到了伊斯兰教以及沙漠地带炎热气候的影响，具有很强的中东地域建筑特色，比如世界上最大的清真寺之一——阿布扎比的谢赫扎耶德清真寺。

但是，阿联酋的现代建筑又十分国际化和商业化，丰富的石油和天然气资源使得阿联酋有足够的资金与实力去追求建筑的极致与美学，各种风格奇特、造型怪异的现代化建筑伫立在阿联酋的经济繁荣区中，令人目不暇接，比如目前世界

◆迪拜哈利法塔

◆谢赫扎耶德清真寺

上最高的建筑——迪拜的哈利法塔。

阿联酋分布着广阔的沙漠地带，其传统建筑体现了该国独特的文化与历史。这些传统建筑通常是由沙漠中采集的材料建造而成，多呈现为黄色石灰石墙壁和红土屋顶，这些材料可以有效地吸收热量并抵御沙漠中的沙尘暴。

这种建筑风格注重空间和功能的布局，在传统别墅中，大厅和起居室通常由木质挂毯或镶嵌木板的墙壁分隔开来，同时门廊和庭院等区域用于家庭成员和客人的活动和社交。其中比较著名的建筑代表有阿拉伯风格的别墅、房屋等。

除此之外，阿联酋的建筑更多地侧重于通风散热、节能节水等方面，以适应沙漠的炎热气候和缺水的环境。其现代建筑更注重采用节能幕墙，关注能源和水的使用效率，改善空气质量和热舒适性。

◆阿拉伯沙漠民居

哈利法塔

阿联酋

哈利法塔，也称迪拜塔、迪拜大厦或比斯迪拜塔，高达 828 米，楼层总数 162 层，是目前世界上最高的建筑，造价约 15 亿美元，被誉为建筑史上的奇迹和里程碑。塔内设施豪华，包括公寓、服装店、游泳池、温泉会所、高级酒店、办公区等，一应俱全。此外，还有一部世界上最快的电梯，速度达到 17.5 米 / 秒。

哈利法塔始建于 2004 年，于 2010 年 1 月 4 日正式揭幕并投入使用。其外部设计采用伊斯兰教建筑风格，采用了一种具有挑战性的单式结构，由连为一体的管状多塔组成。楼面为“Y”字形，灵感源自沙漠之花—蜘蛛兰，三个建筑支翼如同花瓣一般簇拥着大楼中心的钢筋混凝土结构的六边形“扶壁核心”，以上螺旋的模式从地面上升，越往高处楼身越窄，至顶上，中央核心逐渐转化成尖塔。

这种设计使得三个支翼互相联结支撑，严谨缜密的几何形态增强了哈利法塔的抗扭性。同时，底座宽大、顶部尖锐的结构可以帮助高楼抵御肆虐的沙漠风暴，大大地减小了风力的影响，又能保持建筑结构的简洁。楼身收窄处巧妙地设计了观景露台，能让人们尽情地欣赏阿拉伯海湾的迷人景观。

哈利法塔

外文名称：Burj Khalifa Tower
建造年代：2004年
高度：828米
位置：阿联酋迪拜市中心

阿拉伯塔酒店

阿联酋

阿拉伯塔酒店位于阿联酋迪拜海湾，因主体建筑外形酷似船帆，又称迪拜帆船酒店，是世界上最豪华的七星级酒店之一。酒店建立在离海岸线 278 米处的人工岛 Jumeirah Beach Resort 上，仅由一条弯曲的道路连接陆地。

阿拉伯塔酒店由英国皇家建筑师学会会员汤姆·赖特和中国香港设计师周娟联合设计，由南非著名建筑承包商莫瑞和罗伯茨公司及阿联酋本地的大型建筑承包商阿勒哈卜图尔建筑公司承建，耗费两年半时间在阿拉伯海填出人造岛，又用两年半时间修建建筑本身，总共使用了 9000 吨钢铁，并实现了把 250 根基建桩柱打在 40 米深的海底的壮举。

阿拉伯塔酒店共有 56 层，高 321 米，参照扬帆出海的阿拉伯单桅三角帆船而建，外观如同一张鼓满了风的帆，寓意对阿联酋航海传统的致敬。酒店整体采用双层膜结构建筑形式，顶部设有一个由建筑的边缘伸出的悬臂梁结构的停机坪，造型轻盈、飘逸，具有很强的膜结构特点及现代风格，看上去仿佛一艘帆船正在启航，非常宏伟。

酒店设施一应俱全，包括健身房、游泳池、SPA 中心、餐厅等，其中最出名的是它可以观赏海底美景的海底餐厅。

此外，酒店内部所有的 202 间复式客房皆为两层楼的套房，面积最小的房间都有 170 平方米；而面积最大的皇家套房，更有 780 平方米。房间全部是落地玻璃窗，客人随时可以欣赏一望无际的阿拉伯海和城市风景，内部装饰奢华，许多部件都覆盖上了黄金，色彩搭配优美，仿佛阿拉丁的宫殿一般豪华。

阿拉伯塔酒店

外文名称：Burj Al Arab
建造年代：1994年
高度：321米
位置：阿联酋迪拜海湾

谢赫扎耶德清真寺

阿联酋

谢赫扎耶德清真寺全称为谢赫扎耶德本苏尔坦阿勒纳哈扬清真寺，又称阿布扎比大清真寺、扎耶德清真寺，坐落于阿联酋首都阿布扎比市的两座桥梁——穆萨法大桥与马格达大桥之间，是阿联酋最大、全世界第八大的清真寺。

谢赫扎耶德清真寺是为了纪念第一位阿联酋总统而建造的，其设计充分体现了伊斯兰教的风格。该清真寺占地 2.2 万平方米，设计有 82 个圆形穹顶，主穹顶高 85 米，镀金柱子多达 1100 根，耗费黄金 46 吨。

谢赫扎耶德清真寺的内外墙壁、地面和圆顶均采用顶级的汉白玉大理石和白色石膏铺成，在玉石表面还绘制有巨大的花枝藤蔓的纹饰。广场地板上的色彩不是颜料彩绘，而是用天青石、红玛瑙、紫水晶、鲍鱼贝等天然材料拼构而成。

主殿内的波斯地毯被誉为世界上最大的手工编织地毯，面积达 5627 平方米，重达 47 吨，造价 580 万美元。殿堂里悬挂着 7 个世界上最大的镀金黄铜水晶吊灯，

其中最大的一盏吊在礼拜大厅的主圆顶上，由 11 000 多颗施华洛世奇水晶组成，是世界上最大的枝形水晶吊灯。

谢赫扎耶德清真寺的四周有 107 米高的宣礼塔，这是清真寺建筑的装饰艺术和标志之一。

谢赫扎耶德清真寺 

外文名称：
Sheikh Zayed BinSultan Al Nahyan
建造年代：2007年
占地面积：2.2万万平方米
位置：阿联酋首都阿布扎比市

卡延塔

阿联酋

卡延塔，又称无限塔，坐落在阿拉伯联合酋长国迪拜海滨区，由沙特阿拉伯卡延房地产投资开发公司投资兴建，由美国芝加哥的梅里尔建筑事务所（哈利法塔的主要设计方）负责方案设计，耗费 8 年时间，耗资达 81 亿美元，建造了这座全世界“最高最拧巴”的大厦。

卡延塔总高 310 米，共 73 层，主要用途是居民居住和办公，从工作室到拥有全地面的楼顶房屋，共有 456 个居住单位。同时，塔内还有购物中心、会议中心、休闲室、网球场、儿童保育中心、医疗中心、锻炼设施、户外游泳池等。

这座摩天大楼的最大特点是楼体在上升的过程中实现了 90 度扭曲旋转，上升至顶端时刚好扭转 90 度，使得顶楼与底层楼的角度正好对齐。据称其设计灵感来源于人体 DNA 的双螺旋结构，楼体每一层之间都有 1.2 度的旋转错落，从而实现了总体 90 度转角的独特外观。

为了达到逐层扭转的效果，建造者使大楼每层的外边柱倾斜的角度一致，上层柱与下层柱全部错开，两者在裙梁处搭接。除了外观美化的目的外，通过对塔体型进行一定的扭转，可以十分有效地减少建筑所受到的风荷载，进而增加超高层结构的抗风性能，抵抗中东地区时不时刮起的狂风。

正是由于卡延塔独特的建筑结构，居住者从塔里的每一个房间都能看到海景和整个市区的美丽景色。这使卡延塔成为这个地区的主要地标之一，因其外观也被人们称为扭曲大楼。

卡延塔

外文名称：Cayan Tower
建造年代：2013年
高度：310米
位置：阿联酋迪拜海滨区

棕榈岛

阿联酋

棕榈岛位于阿联酋迪拜，包括三个人工填海的棕榈岛工程，即朱美拉棕榈岛、阿里山棕榈岛、代拉棕榈岛和世界岛等 4 个岛屿群，耗资 140 亿美元打造，是世界上最大的陆地改造项目之一。

棕榈岛曾上计划建造 1.2 万栋私人住宅和 1 万多所公寓，包括 100 多个豪华酒店以及港口、水主题公园、餐馆、购物中心和潜水场所等设施。此外还曾计划有一个水下酒店、一栋世界上最高的摩天大楼、一处室内滑雪场以及一个与迪拜城市大小相当的主题公园。这一耗资巨大的宏伟工程显示了迪拜意图与新加坡、中国香港竞争成为世界商业港中心，与拉斯维加斯竞争成为世界休闲之都的决心。

在整个棕榈岛工程中，朱美拉棕榈岛最早完工，也是最著名的一座。岛屿绵延 12 平方公里，伸入阿拉伯湾 5.5 公里，包括三部分：一个像棕榈树干形状的“树干”岛、17 个棕榈树冠形状的“树冠”岛和围绕它们的新月形防波围坝。朱美拉棕榈岛巨大无比，完全用沙子和岩石搭建而成，设计得如同一棵大棕榈树，这一奇观从太空中都能看见。

棕榈岛

外文名称：Palm Island
建造年代：2001年
占地面积：1200万平方米
位置：阿联酋迪拜波斯湾沿岸

在朱美拉棕榈岛的新月形方波堤圆弧顶部，“棕榈树干”直指的尽头，坐落着一座巨大的海洋主题酒店——亚特兰蒂斯酒店。该酒店占地45万平方米，共有1539间房间，耗资15亿美元，设有中东最大的水上乐园和巨型水族馆。仿古波斯和古巴比伦的建筑装潢风格使其看起来仿佛一扇巨大的阿拉伯拱门，一面朝向古老的阿拉伯国家，另一面则朝向代表未来的海洋。

酋长国宫殿酒店

阿联酋

酋长国宫殿酒店位于阿联酋首都阿布扎比西北的海岸边，是世界上唯一一座八星级酒店，由阿布扎比酋长国斥资约30亿美元建造。

酋长国宫殿酒店 

外文名称：Emiraes Palace Hotel
建造年代：2005年
占地面积：24.282万平方米
位置：阿联酋首都阿布扎比西北海岸

酋长国宫殿酒店是一座古典式的阿拉伯皇宫式建筑，由著名的英国设计师约翰·艾利奥特设计，富有浓郁的阿拉伯民族风格。因为其建造之初的首要功能是让阿联酋政府在此召开会议，为王室成员预备休憩之所，其次才是向外开放成为一座营业性酒店，因此建造得极其豪华奢靡。比如酒店最著名的、用纯金建造的中央圆顶，采用最新的照明技术、耐腐蚀的特殊材料，金碧辉煌，永不掉色。

酒店内部面积达 24.282 万平方米，但客房只有 394 套，分为总统套间、宫殿套间、海湾豪华套间、海湾套间、钻石客房、珍珠客房、珊瑚客房和豪华客房等 8 种。最小的客房面积为 55 平方米，最大的总统套间面积近千平方米。

酒店内还有一个面积达 7000 平方米，中东地区最大的豪华礼堂，可容纳 1200 人开会。此外还有一个可容纳 2800 人的舞厅、12 个餐厅、8 个娱乐厅、128 间厨房和餐具室、40 个会议室和附带 12 个工作间的新闻中心。

卢浮宫阿布扎比博物馆

阿联酋

卢浮宫阿布扎比博物馆位于阿联酋首都阿布扎比的萨迪亚特岛，是法国卢浮宫博物馆在阿联酋的分馆，也是世界上唯一一座卢浮宫分馆，被称为水上卢浮宫。博物馆由普里茨克建筑奖得主、法国建筑师让·努埃尔设计，耗时 8 年建成。

博物馆占地面积 2.4 万平方米，是阿拉伯半岛面积最大的艺术博物馆，也是阿联酋第一座世界级博物馆。展馆内部由 23 个展厅组成，许多藏品是从法国卢浮宫借出，按照时间顺序分为 13 个部分展示史前文物和现当代艺术收藏。

博物馆的主体是一座直径 180 米的银色穹顶建筑，整个穹顶结构由钢材自由穿孔编织，总重 7500 吨，仅以 4 根混凝土柱作为支撑。镂空层由 8 个几何图案进行不同大小和角度的叠加与重复，共有 7850 个星形结构。

其设计灵感源于当地用棕榈叶交错叠搭的屋顶，以营造出自然丛林的氛围，让阳光透过 8 个镂空叠加层照进展厅内部空间，呈现漫射与映射，制造出绝美的光影效果。该博物馆被誉为“世界现代城市奇迹”之一，象征着阿拉伯联合酋长国的艺术向往和建筑成就。

卢浮宫阿布扎比博物馆

外文名称：Louvre Abu Dhabi Museum
建造年代：2009年
占地面积：2.4万平方米
位置：阿联酋阿布扎比萨迪亚特岛

阿提哈德塔

阿联酋

阿提哈德塔是位于阿联酋阿布扎比的5座摩天大楼建筑群的统称，于2011年全部完工。该建筑群集购物中心、五星级酒店、写字楼和高级公寓于一体，鲜明的现代主义建筑风格与五位一体的建筑特色使其成为阿布扎比最具代表性的建筑群之一。

阿提哈德塔建筑群由澳大利亚DBI建筑事务所设计，采用未来主义设计和雕刻外形，其灵感来自当地文化和遗产的象征，如帆、剑和猎隼等。建筑群包括三栋住宅楼和一栋280米高的五星级朱美拉豪华酒店，从一号到五号塔的高度分别为277.6米、305.3米、260.3米、234.0米和217.5米，其中最高的二号塔是阿布扎比第三高的建筑物。

阿提哈德塔

外文名称：Etihad Tower
建造年代：2011年
高度：305.3米
位置：阿联酋首都阿布扎比

阿提哈德塔面对酋长国宫殿酒店，傍依阿拉伯湾，在二号塔的74层上有着300米高的观景视野，可以呈现给游客无与伦比的城市风光和岛屿景观，欣赏阿拉伯海湾最壮丽的景色。

第4章

北美洲建筑

北美洲国家的建筑多是由欧洲移民大量涌入并参与发展建设的，因此这里的建筑带有明显的欧式风格。同时，经过一定的简化、创新和发展，逐渐形成了符合当地特点的美式建筑。

美国著名建筑

美国位于北美洲中部，北与加拿大接壤，南靠墨西哥湾，西临太平洋，东濒大西洋，原为印第安人聚居地。15 世纪末，西班牙、荷兰、法国、英国等国开始向北美移民。1776 年 7 月 4 日，政府通过《独立宣言》正式宣布建立美利坚合众国。

美国是高度发达的现代化国家，其 GDP 居世界首位，具有世界规模最大和最发达的现代化市场经济。其建筑艺术的发展和成熟也见证了这个殖民国家从欧化向美化，从贫穷到富有的转变。

美国建筑的历史可以追溯到殖民地时期，当时的建筑风格主要受欧洲影响，出现了许多伊丽莎白式建筑、古典风格建筑和荷兰文艺复兴风格建筑等，并因地制宜产生了一些变化。由于当时的美国资源匮乏，建筑主要以木结构为主，使用当地的木材和石头，没有太多的装饰，为抵御北美的严冬，殖民者建造的房屋多具有陡屋顶、侧山墙、不对称双屋顶、狭窄屋檐、木瓦、屋顶中心大烟囱、两层层高、木框架、阁楼小窗、墙面木质雨淋板等结构特点。

◆白宫

18 世纪末，独立战争结束后，美国进入了一个新的时期，这也标志着美国建筑风格的变化。这一时期，古典主义建筑和希腊复兴式建筑成为主流，建筑风格强调对称和比例。由于美国政府的特殊性，联邦式建筑开始兴起。

联邦式建筑以对称、纯粹和简洁的古典风格为主，多使用石材和砖材，突出了建筑的质感和结构。它具有浓郁的欧洲风情的同时，也带有明显的美式大体量风格，经典代表有费城宾州银行等。

19 世纪末到 20 世纪初，美国建筑开始向维多利亚式、哥特式、文艺复兴式和新文艺复兴式等风格靠拢。此时，建筑的装饰和细节开始得到更多的关注，彩色玻璃、石雕和雕刻等艺术元素大量使用，使建筑外观和内饰更加华丽精美，经典代表有华盛顿特区的美国国会大厦等。

20 世纪初至 21 世纪，美国现代主义建筑与其经济一起得到了蓬勃发展，特点是简洁、清晰、功能性强。代表建筑物有纽约的联合国总部大楼、帝国大厦等。

◆美国国会大厦

◆帝国大厦

白宫

美国

白宫是美国的总统府，位于美利坚合众国华盛顿特区宾夕法尼亚大道 1600 号，北接拉斐特广场，南邻爱丽普斯公园，与高耸的华盛顿纪念碑相望，是美国总统和第一家庭居住并处理国家事务的官邸，也是美国国家象征之一。

1791 年，美国首任总统乔治·华盛顿选定白宫基址，美国哥伦比亚特区向全国征集总统官邸设计稿，建筑师詹姆斯·霍班的设计稿被选中。1792 年 10 月 13 日，美国共济会和哥伦比亚特区专员共同为白宫建造工程奠基。1809 年，白宫正式竣工。

1814 年 8 月 24 日，英国军队攻占美国首都华盛顿并放火烧毁白宫，仅剩石砌外墙和砖砌内墙残余。次年，詹姆斯·霍班主持重修白宫，为掩盖焚烧痕迹，在原本是灰色沙石构筑的外立面上漆上了一层白色的油漆。1901 年，美国总统西奥多·罗斯福正式将其命名为“白宫”，后成为美国政府的代名词。整座白宫总占地面积达 7.3 万平方米，由主楼和东、西两翼组成，东翼为宴会活动厅，西翼为行政办公楼及总统办公室，主楼顶部的三角锥和柱式呈现出罗马式古典主义的风格。

主楼外观有 6 层，共 132 间房间，宽 51.51 米，进深 25.75 米。一楼有外交接待大厅、图书室、地图室、瓷器室、国宴室、红室、蓝室、绿室、东室、金银器室和白宫管理人员办公室等房间。二楼为总统全家居住的地方，主要包括总统卧室、条约厅、总统夫人起居室、黄色椭圆形厅等。

白宫西翼最重要的厅室是椭圆形总统办公室，办公室内铺有巨大的蓝色地毯，地毯正中织有美国总统的金徽图案，办公桌后竖立着美国国旗和总统旗帜，房间布局严谨、对称，显示出国家最高领导人的庄重和威严。

白宫 

外文名称：The White House
建造年代：1792年
占地面积：7.3万平方米
位置：美国华盛顿特区
宾夕法尼亚大道1600号

帝国大厦

美国

帝国大厦是美国纽约的地标性建筑物之一，位于曼哈顿第五大道 350 号、西 33 街与西 34 街之间，是一座多功能写字楼，同时还可用作瞭望台、电波塔。

20 世纪 30 年代，在出资方的要求下，设计师以早期的设计为基础，参考了温斯顿－塞勒姆的雷诺兹大厦和俄亥俄州辛辛那提市的卡鲁塔，在两周内就完成了帝国大厦的设计图纸。

1930 年 1 月 22 日，帝国大厦在原本华尔道夫－阿斯托里亚酒店的遗址上开始准备建设，并于同年 3 月 17 日开始建筑大厦本体，建设速度是每星期建 4 层半，在当时的技术水平下不可谓不惊人。

帝国大厦 

外文名称：Empire State Building
建造年代：1930年
高度：443.7米
位置：美国纽约市曼哈顿第五大道350号

项目开工后仅仅耗费 410 天，一座高 381 米的超高层建筑就建成了，可以说是建筑史上的奇迹。20 世纪 50 年代，人们在它的顶上安装了高 62 米的天线后，它的高度上升至 443.7 米，在很长时间内都是世界第一高楼。

帝国大厦总高 102 层，其中共有 85 层、面积为 200 500 平方米的可租用办公空间，在第 86 层设有一个室内和室外的观景台。剩余的 16 层是装饰艺术塔，最顶端的第 102 层是室内观景台。观景台环绕大厦一周，备有手持式多媒体设备以及高性能双筒望远镜，可以 360 度俯瞰纽约市，看到中央公园、布鲁克林大桥、时代广场、自由女神像等。

大厦的内部装饰艺术风格是典型的二战前的建筑风格，大厅内的壁画天花板图案是以机械齿轮的形式来绘制的行星和恒星，以示向机械时代致敬。在第五大道大厅的前台墙面上，装饰有帝国大厦自身散发光芒的墙面雕塑，是纽约少数几个被地标保护委员会指定为历史地标的室内装饰之一。

威利斯大厦

美国

威利斯大厦是位于美国伊利诺伊州芝加哥的一幢摩天大楼，由建筑师布鲁斯·格雷厄姆和结构工程师法兹勒·卡恩设计建造。大厦在 1974 年落成，一度超越纽约的世界贸易中心成为当时世界上最高的大楼，虽然后来未能保持这一纪录，但它至今仍然是世界上第九高的摩天大楼。

在建造之初，大厦的拥有者是美国西尔斯·罗巴克公司，大厦原名也叫西尔斯大厦。后来该公司于 1992 年搬出，大厦被 2004 年成立的地产投资集团购入，并在 2009 年 7 月 16 日正式更名为威利斯大厦。

威利斯大厦总高度为 442.3 米，加上天线高度为 527.3 米，地上有 108 层，地下有 3 层，共有 111 层，建筑面积为 416 000 平方米，内部有豪华酒店、餐厅、办公室和观景台等设施。在大厦的第 103 层，距地面 412 米处，有一个供观光者俯瞰全市用的观景台。2009 年 6 月，人们在观景台上增设了 4 个玻璃阳台，这些玻

璃阳台全部建在大厦西侧，从观景台向外延伸约 1.2 米，阳台的玻璃地板厚达 12.7 厘米，可承重约 5 吨。

大厦采用由钢框架构成的束筒结构体系，外部用黑铝和镀层玻璃幕墙围护，越往上结构越简洁，呈现上窄下宽的外形，这使得其抗风性能很好，大厦顶部由风压引起的振动也明显减轻。

大厦整体由 9 个高低不一的方形空心筒集束在一起，所有的方形空心筒宽度相同，但高度不一，每隔数十层楼就截去一对对角方筒单元，最后由两个方筒单元直升到顶。这使得大厦不同方向的立面形态各不相同，突破了一般高层建筑呆板对称的造型手法，在减少风压的同时又取得外部造型的变化效果，是建筑设计与结构创新相结合的成果。

威利斯大厦

外文名称：Willis Tower
建造年代：1974年
高度：527.3米
位置：美国伊利诺伊州芝加哥市瓦克博士街233号

美国国会大厦

美国

美国国会大厦坐落在美国首都华盛顿哥伦比亚特区的国会山上，是美国最高立法机构——国会的所在地，由参议院和众议院组成，国会大厦也因此成为美国的标志性建筑，象征着民有、民治、民享政权。

1793 年 9 月 18 日，美国总统乔治·华盛顿亲自安放下建造大厦的奠基石，国会大厦的建筑工程也随即启动。1800 年，国会大厦宣布竣工。在 1814 年 8 月英美战争爆发之前，这里一直是美国的政治中心。后来的战争摧毁了国会大厦的部分建筑，经历多次重建与修整后，最终形成了如今的模样。

国会大厦整体是一座三层的平顶建筑，中央有一座高高耸立的圆顶，呈现出明显的罗马式古典主义建筑风格。大厅两侧的翼楼分别为众议院和参议院的办公地。

圆顶大厅正门向东，有 3 座名为哥伦布门的巨型铜门。大厅内部高旷宏敞，金碧辉煌，高 53 米，直径 30 余米，顶上有一幅风格浪漫的天顶画，中央绘着“华盛顿之神”，旁边是胜利女神和自由女神像。圆形大厅的墙壁上有 8 幅大油画，

记载了美国历史上的 8 个重大事件。大厅的南侧是环立着重要人物雕像的雕塑大厅。圆顶上有一个小圆塔，塔顶直立着头顶羽冠、右手持剑、左手扶盾的自由女神铜像。

美国国会大厦

外文名称：United States Capitol
建造年代：1793年
占地面积：16 258平方米
位置：美国华盛顿哥伦比亚特区国会山

克莱斯勒大厦

美国

克莱斯勒大厦位于纽约曼哈顿东部 42 街与莱星顿街的交界处，是由建筑师威廉·范·阿伦为美国第三大汽车制造企业——克莱斯勒汽车公司设计的。大厦始建于 1928 年 9 月 19 日，完工于 1930 年 5 月 28 日，加上尖顶后的高度一度超过了川普大楼，成为了当时世界上最高的建筑（后面很快被帝国大厦打破纪录），并以平均每周增建 4 层楼的速度创下了当时的建造记录。

克莱斯勒汽车制造公司的创始人沃尔特·P·克莱斯勒要求将大楼外观制成类似汽车散热器帽盖的模样，作为他显赫的汽车帝国的标志。

事实上，大厦两侧的窗户并不像普通办公楼那样有着规整的格子造型，而是两列由三个窗户组成、中间隔墙被漆成与窗户同色的黑色长方形，加一个位于四边的、与外墙颜色相同的转角，这让整座大楼的外立面从正面和背面看很像汽车前脸处的进气格栅，十分具有辨识度。

克莱斯勒大厦尖顶上装饰的模仿汽车轮毂的圆弧，被认为是装饰艺术建筑学的杰作。顶部由十字形弧棱拱顶与 7 个放射状的拱组成，刻有放射状展开的线条。电镀彼此以铆钉衔接，三角形的窗户穿插其中。

顶冠使用了电镀覆盖的“Enduro KA-2”不锈钢金属建造，因此呈现为银白色，建成时在阳光下显得十分耀眼。圆弧由下而上，每一层都逐渐缩小并向内收缩，十分具有层次感，同时也是对克莱斯勒汽车公司的隐喻。

克莱斯勒大厦由石头、钢架与电镀金属构成，其中包含 4 组、8 台电梯和 3862 扇窗户。大楼总高 320 米，共有 77 层，71 楼是最高的可使用楼层，以上的楼层主要是为了建筑外观而设计，主要功能仅作为通往尖顶的楼梯衔接空间，以及用来设置广播和其他机电器材。

克莱斯勒大厦 

外文名称：Chrysler Building
建造年代：1928年
高度：320米
位置：美国纽约曼哈顿405莱星顿大道

金门大桥

美国

金门大桥是位于美国加利福尼亚州金门海峡之上，用于连接旧金山市区和北部马林郡的跨海通道，由工程师约瑟夫·斯特劳斯设计，是美国旧金山市的重要象征和地标性建筑，经常出现在各种影视作品中。

自 1848 年美国加州掀起淘金热开始，就不断有人提出在金门海峡上修建一座跨海大桥，以加强经济往来。直到 1918 年，这样的呼声才得到了旧金山市监事委员会和美国国会的重视，并最终批准建设。在耗费数年时间勘察地形、选拔方案、调整法案、筹集资金、测试可行性之后，金门大桥终于在 1933 年 1 月 5 日开始动工兴建。

金门大桥 

外文名称：Golden Gate Bridge
建造年代：1933年
长度：2780米
位置：美国加利福尼亚州旧金山金门海峡

但由于金门大桥的跨度极长，以及当时在海湾入海口建造桥梁的经验不足，施工的难度和风险大大增加。同时，时值经济危机爆发，资金问题成为困扰其成功的又一问题。因此，经过 4 年的艰难建造，金门大桥最终于 1937 年 5 月 28 日通车运营。

金门大桥的北端连接加利福尼亚州马林郡，南端连接旧金山半岛，线路全长 2780 米，主桥全长 1967.3 米，桥面为双向六车道的城市主干线。途经该桥的路线为美国 101 号国道，桥上车辆限速为 45 英里 / 小时，并在人行道一侧设有限速标识，提醒来往车辆。

大桥由主桥、引桥、高架桥、两座桥塔、锚碇、悬索、吊索、引桥及各立交匝道组成，采用悬索桥设计方案，主桥为双塔悬索桥，涂装为红色。桥塔总高度为 342 米，高出水面 228 米，两塔间跨度为 1280 米。缆索为钢缆索体系，呈半形弧状，由多根钢丝绳组成，主缆单根直径为 92.7 厘米，重量为 2.45 万吨。

五角大楼

美国

五角大楼位于美国华盛顿西南方弗吉尼亚州的阿灵顿区，是美国最高军事指挥机关——国防部的办公大楼，由美国建筑师乔治·贝格斯特罗姆设计，由来自宾夕法尼亚州费城的建筑商约翰·麦克沙恩承建，因外形为五角形而得名，是世界上最大的单体行政建筑。

1941年初，由于二战的缘故，时任美国总统罗斯福宣布全国进入紧急状态，美国陆军部急需一座新的指挥基地，于是五角大楼开始动工。由于要求建筑高度不能超过4层楼，并且只能使用少量的钢材，这注定了这座大楼不再是往空中拔高，而是向四周大面积扩展。

为了使地板的有效载荷能够达到每平方英尺150磅，同时，减少钢材的使用，建筑工人在五角大楼的选址处打下了41 492根水泥柱，并从波多马克河中挖来68万吨砂石，以压制成30万立方米的钢筋混凝土建筑材料，历经16个月的时间，完成了五角大楼的建设。

五角大楼的俯视图为正五边形，边长 281 米，高 22 米，总占地面积约 11.7 万平方米，总建筑面积达 60.4 万平方米，其中办公面积为 34.4 万平方米，可供 4 万人办公。大楼南北两侧各有一大型停车场，可同时停放 1 万辆汽车。

大楼的正面由印第安纳石灰石构成，共有 5 个外立面，建筑分为 5 层（包括地下两层），每层由内至外共有 5 个环状走廊，总长度达 28.2 公里。一层大厅内设有银行、邮局、书店、诊疗所、电报局以及各种商店；二层是有“国防部灵魂”之称的参谋长联席会议厅；三层是国防部长办公室和陆军部；三层以上为海军部和空军部。

五角大楼 

外文名称：The Pentagon
建造年代：1941年
占地面积：11.7万平方米
位置：美国弗吉尼亚州
波多马克河畔阿灵顿区

华盛顿国家大教堂

美国

华盛顿国家大教堂的正式名称为圣彼得和圣保罗大教堂，位于美国首都华盛顿西北区的马萨诸塞大道与威斯康星大道路口，是圣公会在华盛顿教区的主教堂，也是由美国国会指定作为举行全国性宗教纪念活动的场所。

教堂始建于1408年，是一座长方形的哥特式大教堂，当时还称作圣阿尔巴教堂。后来教堂不断改建，200余年间，其外形和构造逐渐吸收了文艺复兴时期以及巴洛克建筑的特色。

现在人们看到的教堂是在1907年重新修建的，由乔治·鲍德里和亨利·沃恩设计，历时83年，到1990年竣工。教堂采用了石材拱顶和钢制结构支撑系统，外观结构依旧保留了英国哥特式风格，用大理石建造巨大穹顶，配以长柱尖顶、卷形花边、各种浮雕、怪兽滴水咀，窗户上装有各种彩色玻璃。

教堂座堂南端，在座堂西塔靠近顶端的位置有一个彩色玻璃作品，即闻名遐迩的“太空窗”，以阿波罗11号登月任务过程中拍摄的照片为灵感，融合蓝色、

绿色、白色、橙色和红色色调，描绘出灿烂恒星和沿轨道运行的行星构成的斑斓画面。

窗户上存放了一颗来自月球的岩石，体现了富有探索精神的宗教思想与宇宙奥秘的巧妙交融。

华盛顿国家大教堂

外文名称：
Cathedral Church of St.Peter and St.Paul
建造年代：1907年
占地面积：7710平方米
位置：美国华盛顿马萨诸塞大道与威斯康星大道路口

林肯纪念堂

美国

林肯纪念堂是为纪念美国第十六任总统亚伯拉罕·林肯而设立的纪念堂，位于美国华盛顿特区国家大草坪西端，波托马克河东岸，与东端的国会大厦遥遥相望，被视为华盛顿的标志之一。

纪念堂于 1914 年破土动工，完成于 1922 年，是一座用通体洁白的花岗岩和大理石建造的古希腊神殿式纪念堂。建筑呈长方形，地表以上是将近 5 米高的花岗岩基石，石台上的纪念堂高约 18.3 米，柱廊东西宽约 36 米，南北长约 57 米。

纪念堂东门外，宽阔的石阶层层递进。外部 36 根白色的大理石圆形柱高 13.4 米，底部直径 2.26 米，环绕着纪念堂，代表林肯总统逝世时美国所划分的 36 个州。纪念堂顶部护墙上有 48 朵下垂的花饰，代表纪念堂落成时美国的 48 个州。纪念堂没有大门，寓意着永远向世人敞开。

走进纪念堂，迎面是美国最不朽的雕像之一——洁白、庄严的林肯坐像，像高 5.8 米，由美国著名雕刻家丹尼尔·切斯特·法兰奇创作。雕像由 28 块石头雕成后拼接而成，上方是一句题词：“谨以此殿宇纪念亚伯拉罕·林肯，他为全体美国人民挽救了联邦。”

雕像左侧墙壁上镌刻着林肯连任总统时的演说辞，右侧则刻着著名的盖茨堡演说。周围还装饰着有关解放黑奴、南北统一，以及象征正义与不朽、博爱与慈善的壁画，馆内还有关于林肯的一系列展品。

林肯纪念堂

外文名称：Lincoln Memorial
建造年代：1914年
占地面积：2200平方米
位置：美国华盛顿特区
　　　国家广场西侧

杰斐逊纪念堂

美国

杰斐逊纪念堂坐落于美国华盛顿潮汐湖南岸，是为纪念美国第三任总统托马斯·杰斐逊而建的纪念堂。纪念堂始建于托马斯·杰斐逊诞辰200周年，即1938年，至1943年落成，由著名建筑师约翰·波普以及他的合作者奥托·埃格斯、丹尼尔·希金斯设计，是一座按照杰斐逊喜爱的罗马神殿式圆顶建筑风格建造的高24米的白色大理石建筑。

纪念堂采用新古典主义风格，外观典雅纯洁，外围共有54根爱奥尼亚式石柱环绕，每根高约13米，重45吨。中央圆形的主纪念室直径约25米，地面用粉色和灰色相间的田纳西大理石铺就。

大厅中央耸立着高近6米的杰弗逊总统立身铜像，坐落在1.8米高的白色明尼苏达州大理石基座上。其身后的石壁上镌刻着杰斐逊生前的话：“我已经在上帝圣坛前发过誓，永远反对笼罩着人类心灵的任何形式的暴政。”

在进入主纪念堂之前，游客需要登上一个大斜坡状台阶，在门前仰望即可看到由 8 根大石柱支撑的门廊上方三角形门楣中的一组庄严的大理石浮雕。这是美国独立前夕，杰斐逊、本杰明·富兰克林、约翰·亚当斯、罗杰·谢尔曼和罗伯特·利文斯顿等 5 人受大陆会议委任起草《独立宣言》的情景，非常具有纪念意义。

杰斐逊纪念堂

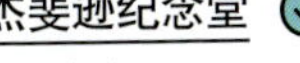

外文名称：Thomas Jefferson Memorial
建造年代：1938年
高度：24米
位置：美国华盛顿潮汐湖南岸

布鲁克林大桥

美国

布鲁克林大桥坐落在美国纽约州纽约东河上，连接着纽约的布鲁克林区和曼哈顿岛，是当时世界上最长的悬索桥，也是世界上首座以钢材建造的大桥，在人类桥梁建造史上具有里程碑式的意义。

19 世纪中叶，纽约成为了当时世界上发展速度最快的城市之一，为促进经济交流，减缓两岸交

布鲁克林大桥

外文名称：Brooklyn Bridge
建造年代：1869年
长度：1834米
位置：美国纽约布鲁克林区与曼哈顿岛之间

通压力，有人建议在纽约东河上搭建有史以来最长的桥，用以连接曼哈顿岛与布鲁克林区。

最初提议建造布鲁克林大桥的是一位德国移民—约翰·A·罗夫林，他后来也成为了布鲁克林大桥建造方案的设计师。按照他的设想，布鲁克林大桥全长超过 1600 米，是当时世界上最长的桥梁，也是全世界第一座斜拉式钢索吊桥。

大桥从 1869 年开工，1883 年 5 月 24 日正式交付使用，投入了 2500 万美元的资金。大桥采用了悬索桥的结构形式，主要原理是通过大型的主缆和吊索来支撑和悬挂桥面。桥分两层，上层为人行道和自行车道，下层则是机动车道。桥塔和拱门由花岗岩和石灰石建成，有效地分散了桥梁所承受的重量，增强了结构的稳定性。此外，这些材料具有较高的抗压强度和耐久性，能够抵御风雨侵蚀和车辆磨损。大桥两侧的锚碇位于岸上，采用重力式结构，有效地固定了桥梁的两端。

布鲁克林大桥落成后，被誉为工业革命时代全世界七个划时代的建筑工程奇迹之一，并在 1964 年成为了美国国家历史地标。

纽约时代广场

美国

纽约时代广场，又译为时报广场，是美国纽约市曼哈顿的一个繁华街区，中心位于西 42 街与百老汇大道交会处，范围东西向分别至第六大道与第九大道，南北向分别至西 39 街与西 52 街，构成曼哈顿中城商业区的西部。时代广场原名朗埃克广场，后因《纽约时报》早期在此设立总部大楼，因而更名为时报广场。

时代广场附近聚集了近 40 家商场和剧院，是纽约最繁盛的娱乐及购物中心之一。包括美国广播公司在内的世界多家新闻媒体都在时报广场设有演播室和新闻中心。大楼外立面上大量耀眼的霓虹光管广告、电视式的宣传板以及街头艺人们让广场看起来繁华绚烂，极具曼哈顿都市气息。

纽约时代广场 

外文名称：Times Square
建造年代：19世纪末
占地面积：2.4万平方米
位置：美国纽约曼哈顿中城区

时代广场始于 19 世纪末，当时，纽约大都会歌剧院迁移至百老汇与 42 街口，带动了剧院与餐厅的蓬勃发展，时代广场逐渐成型。20 世纪初，《纽约时报》发行人阿道夫·奥克斯将该报的总部迁到第 42 街，并

说服了当时的纽约市长将朗埃克广场正式更名为时代广场。经过后世的百年变迁，不断有各种商业和经济文化在广场上汇聚又散去，最终形成了如今耀眼的“世界的十字路口”。

时代广场吸引了一些大规模的金融和媒体企业在该区设立总部，附近比较著名的就有纳斯达克交易所、百老汇剧院、时代广场大厦、美国广播公司等。

时代广场大厦是位于纽约市曼哈顿时代广场 7 号和西 41 街上的一栋 47 层、高 221 米的摩天大楼，始建于 2002 年，于 2004 年完工。由于其地理位置的特殊性，即便不作为办公楼出租，光是作为广告牌使用都能创造每年数千万美元的收入，因此它也是时代广场的重要地标之一。

纳斯达克交易所，又称纳斯达克证券市场，是美国在 1971 年建立的全球第一个电子交易市场，也是世界上最大的股票电子交易市场。其总部就位于纽约时代广场的四号大楼内，是纽约乃至整个美国经济蓬勃发展的重要标志。

费城独立厅

美国

费城独立厅，也称美国独立纪念馆、独立会堂，是位于美国宾夕法尼亚州费城的一栋乔治亚风格的红砖建筑。

1776 年 7 月 4 日，来自英国殖民下的北美十三州的代表在这里签署了由托马斯·杰斐逊等人撰稿的美国《独立宣言》。1787 年，美国宪法也在此地制定。在 1790 年到 1800 年费城作为美国首都的这段时间，该建筑是美国国会的所在地。因此，独立厅虽是一幢外观普通的建筑物，但在美国历史上具有重要的纪念意义。

费城独立厅在 1732 年作为宾西法尼亚州的议会大楼开始修建，直到 1753 年，也就是开工 21 年后才宣告竣工。这是一座顶部带有尖顶钟楼的二层砖式建筑，由埃德蒙·伍利和安德鲁·汉密尔顿设计，最高处距地面 41 米。

独立厅遵循古典建筑和意大利文艺复兴时期的建筑原则，外观呈平面长方形，左右对称，立面通常为两层，并有一层基层。建筑外墙采用普通的红砖材料，窗户布置规整，朴素又不失严谨庄重。

最高处的钟楼带有白色的门窗和尖塔，正屋和塔之间镶嵌着一座象征美国独立的自由钟。后来由于钟体两次开裂，现被卸下，陈列于街对面的自由钟中心，尖顶中放置的仅仅是这口钟的复制品。

1979 年，根据文化遗产遴选标准（vi），独立厅被联合国教科文组织世界遗产委员会批准列入《世界遗产名录》。

费城独立厅 

外文名称：Independence Hall
建造年代：1732年
高度：41米
位置：美国宾夕法尼亚州费城

墨西哥著名建筑

墨西哥位于北美洲南部，是美洲大陆印第安人古文化的中心之一。这片土地孕育出了已知的最古老的美洲文明——奥尔梅克文明，古印第安文明——特奥蒂瓦坎文明，以及美洲古代三大文明之一——阿兹特克文明，大名鼎鼎的玛雅文明在墨西哥也有分布。可以说，墨西哥的古代历史是辉煌的，古人留下的宏伟建筑遗迹和技术至今仍对该国的建筑艺术产生影响。

墨西哥古代历史上存在的这些古文明都或多或少地留存有令世人惊叹的历史遗迹，它们的建筑风格与世界上其他古文明一样，都有着明显的神明崇拜特征，建筑极其巨大宏伟，如金字塔、巨石雕像、大型宫殿等。比较著名的有特奥蒂瓦坎古城、太阳金字塔、奇琴伊察遗址等，为今人留下了宝贵的精神和物质财富。

遗憾的是，墨西哥的近代史是悲惨的。从1521年墨西哥沦为西班牙殖民地开始，这个国家就长期笼罩在战火与殖民统治中。直到1910年爆发的墨西哥革命，推翻了独裁统治，才最终促成了现行政治体制的建立。自这一时期开始，墨西哥地区

◆太阳金字塔

的建筑风格开始多元化和欧化。

在 16 世纪西班牙殖民期间，欧洲的巴洛克式建筑、哥特式建筑和新古典主义式建筑等风格被引入墨西哥，外来宗教也在墨西哥得到了广泛传播。这一时期，墨西哥的各种教堂、修道院等宗教建筑开始兴起，著名代表作品有墨西哥城的墨西哥大教堂和瓜纳华托的历史中心等。

而墨西哥的本土建筑则充满明快的色彩，建筑风格鲜明且充满活力，这一特点源自墨西哥人对生活的热情和洒脱，以及对自由表达的渴望。人们更倾向于使用当地的天然材料，如黏土、石头和木材。由于墨西哥地处地震带，这些材料使得建筑更能经受住可能发生的地震，同时保持建筑内部的温度。

进入 20 世纪，墨西哥的建筑展现出了独特的现代主义风格，墨西哥建筑师们的设计越来越注重可持续性和社会影响，同时巧妙地利用了墨西哥的自然和文化环境，著名代表有路易斯·巴拉甘的自宅及工作室、索玛雅博物馆等。

◆墨西哥大教堂

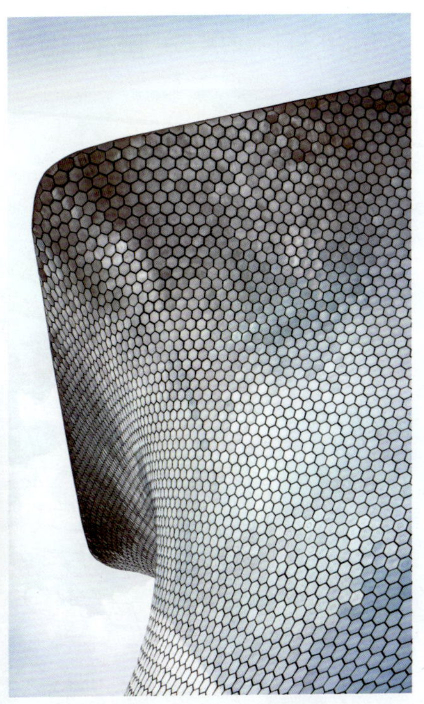

◆索玛雅博物馆

奇琴伊察古城

墨西哥

奇琴伊察古城位于墨西哥东南部的尤卡坦半岛，始建于公元5世纪，曾是玛雅古国最繁华的城邦，是尤卡坦半岛最重要的玛雅文明中心之一，也是玛雅人和托尔特克人的文明在尤卡坦的历史见证。

在近1000年的历史中，许多民族都在奇琴伊察古城生活过，并留下了他们的印记。“奇琴”意为“井口”，奇琴伊察古城的建城基础是天然井，南北长约3公里，东西宽约2公里，有建筑物数百座，分为南北两侧。

南侧的老奇琴伊察建于公元7世纪至10世纪，具有玛雅文化特色，著名建筑有金字塔神庙、柱厅殿堂、球场、市场和椭圆形天文观象台，以石雕刻装饰为主；北侧的新奇琴伊察为灰色建筑物，具有托尔特克文化特色，著名建筑有库库尔坎金字塔、勇士庙等，以朴素的线条装饰和羽蛇神灰泥雕刻为主。

奇琴伊察古城中最为著名的古文明遗址当属库库尔坎金字塔，又称卡斯蒂略金字塔、羽蛇神金字塔、玛雅金字塔，坐落在奇琴伊察古城的正中，是玛雅人为掌管雨水和丰收的神——羽蛇神而建的神庙。

库库尔坎金字塔是一座用土石筑成的九层圆形祭坛，其设计数据具有天文学上的意义。塔高 29 米，周边长约 55 米，周长约 250 米，最高一层建有一座 6 米高的方形坛庙。塔四周环绕着 91 级台阶，加起来一共有 365 阶，象征一年中的 365 天。

台阶的两侧有宽达 1 米的边墙，北边墙下端有一个带羽毛的大蛇头石刻，蛇头高 1.43 米，长 1.80 米，宽 1.07 米，正是玛雅人崇拜的羽蛇神。每年春分和秋分两天的日落时分，北面台阶的边墙会在阳光照射下形成弯曲的七段等腰三角形，连同底部雕刻的蛇头，宛若一条巨蛇从塔顶向大地游动。

在库库尔坎金字塔的东面有一座宏伟的四层金字塔，被称为武士神庙，庙的前面和南面是一大片方形石柱，名为“千柱群”。环绕着这片中心区方圆几公里内还有很多奇琴伊察古城的石砌建筑。

奇琴伊察古城

外文名称：Chichen Itza
建造年代：公元435年
占地面积：25平方千米
位置：墨西哥尤卡坦州南部

特奥蒂瓦坎古城

墨西哥

特奥蒂瓦坎古城是印第安文明的重要遗址，位于墨西哥首都墨西哥城东北约40公里处，是中美洲最重要的文化中心之一。古城建于公元1世纪至7世纪，建筑物按照几何图形和象征意义布局，以庞大的气势而闻名于世，其文化影响力和艺术影响力遍及整个地区，曾有“诸神之城”的美名。

特奥蒂瓦坎古城曾经是最辉煌的城市文明之都，城市方圆20多平方公里，不同时期的居民从10万到20万不等，是当时世界上屈指可数的大城市之一。城市建筑结构严谨，主要建筑沿城市轴线“亡灵大道”分布，大道全长4公里、宽45米，金字塔、庙宇、亭台楼阁以及大街小巷匀称地分布在亡灵大道的两侧，各建筑群内部对称。

太阳金字塔和月亮金字塔是特奥蒂瓦坎古城遗址中最主要、最著名，也是最宏伟的建筑。高大的太阳金字塔位于亡灵大道的东侧，基址长225米，宽222米，塔高66米，共有5层，体积达100万立方米，是特奥蒂瓦坎古城中最大的建筑，也是中美洲最大的建筑之一。

特奥蒂瓦坎古城 

外文名称：
Pre Hispanic City of Teotihuacan
建造年代：公元前150年
占地面积：20平方千米
位置：墨西哥城东北约40公里处

太阳金字塔是古印第安人祭祀太阳神的地方，它建筑宏伟，呈梯形，坐东朝西，正面有数百级台阶直达顶端。塔的四面是呈“金”字的等边三角形，底边与塔高之比恰好等于圆周长与半径之比，这一点与埃及的胡夫金字塔一样。

塔的单面有 91 级台阶直达塔顶，四面共 364 级，再加上塔顶平台共有 365 级，正好是一年的天数。9 层塔座的阶梯又分为 18 个部分，正好是玛雅历一年的月数，这一点又与库库尔坎金字塔十分相似。

月亮金字塔位于特奥蒂瓦坎古城城北，是祭祀月亮神的地方，其建筑风格与太阳金字塔一样，只是规模较小，高 46 米，也比太阳金字塔晚百余年建成。

月亮金字塔下是月亮广场，从南到北长 204.5 米，从东到西宽 137 米，其间建筑对称，宽广宏伟。广场中央是一座四方形的祭台，特奥蒂瓦坎古城的重要宗教仪式都在这里举行。

墨西哥大教堂

墨西哥

墨西哥大教堂又称墨西哥大主教堂，是墨西哥最大也是最主要的天主教堂，还是美洲的著名教堂之一。

墨西哥大教堂位于墨西哥城索卡洛广场北侧，是一座古老而神圣的教堂。它始建于1573年，直到1823年才正式完工，历时250年，跨越了多个时期。文艺

墨西哥大教堂 

外文名称：La Catedral de Mexico
建造年代：1573年
高度：67米
位置：墨西哥城索卡洛广场北侧

复兴时期风格、古典时期的巴洛克风格、新古典主义风格以及各种时期的建筑风格都融合在这座历经百年沧桑的建筑上，造就了如今的面貌。

墨西哥大教堂坐北朝南，呈传统的拉丁十字形布局，由两侧高耸的钟楼和中间宽广的主殿构成，包括 3 个大门、5 个中殿、16 座礼拜堂、51 个拱顶和 40 个塔器。其中钟楼高达 67 米，内有 25 口钟；主殿长 110 米，宽 54 米；16 座礼拜堂中有各自华丽的祭坛、绘画和雕塑，座堂还拥有两台 18 世纪的巨大管风琴。

教堂内有两个华丽盛大的祭坛、一个圣器收藏室以及一个唱诗班。中殿纵深处的大祭坛有典型的文艺复兴式圆形拱顶覆盖，顶上辉煌艳丽的圣经故事壁画十分引人注目，圣器收藏室内墙上则有殖民时期大画家 Correa 的巨大彩色壁画。

墨西哥大教堂完好地保留了文艺复兴、启蒙运动时期的宗教文化，教堂内的圣经故事大壁画以及古老的雕像具有鲜明的宗教阐教阐扬教化的色彩，极大地丰富了墨西哥的宗教文学和宗教绘画技艺。

普埃布拉历史中心

墨西哥

普埃布拉历史中心建于 1531 年，位于墨西哥中部普埃布拉州波波卡特佩特火山脚下，是一座典型的西班牙风格的城市。普埃布拉历史中心地处交通要道，战略位置十分重要，其融合了欧洲和土著风格的巴洛克式城市建筑风广为流传。其尝试采用文艺复兴时期的网格平面式设计，该设计理念对全国殖民城市的建立产生了巨大的影响。

普埃布拉城内保留着许多重要的宗教建筑，如双塔大教堂、圣莫尼卡隐修院、圣多明各教堂等 60 座教堂。许多教堂有机地融合了巴洛克式的建筑风格和印第安的艺术特色，拥有彩釉瓷砖的圆屋顶，在阳光下熠熠生辉，色彩明艳。

市中心广场上的普埃布拉天主教堂是当地最大的教堂，教堂内部用大理石铺地，四周围墙饰以木雕，并以金叶镶嵌，门框上下饰以石雕和图案，富丽堂皇。传说它是有两位天使守卫才顺利完工的，人们为了感谢这两位天使，便把普埃布拉称为“天使之城”。

此外，普埃布拉还有建于 1790 年的美洲最古老的剧院普林西帕尔剧院、建于

1537 年的普埃布拉大学、收藏有 16 世纪珍贵艺术瓷砖的圣塔罗萨博物馆等。

1987 年，根据文化遗产遴选标准 C(ii)和 C(iv)，普埃布拉历史中心被联合国教科文组织世界遗产委员会批准作为文化遗产列入《世界遗产名录》。

普埃布拉历史中心 

外文名称：Historic Center of Puebla
建造年代：1531年
占地面积：3.39万平方千米
位置：墨西哥普埃布拉州首府

索玛雅博物馆

墨西哥

索玛雅博物馆建于 1994 年，是墨西哥电信大亨卡洛斯·斯利姆的私人博物馆，以他已故的妻子的名字命名，以表纪念。

博物馆主体建筑分为洛雷托广场的旧馆和卡尔索广场的新馆。旧馆所在地最初是由西班牙殖民者管辖的一块土地，15 世纪时建造了面粉水磨坊，之后多次改变建筑用途，直到 19 世纪转变为造纸厂。进入 20 世纪后，厂房经历了两次火灾，原来的建筑被毁。1990 年代早期，墨西哥企业家卡洛斯·斯利姆名下的卡尔索集团获得政府许可，承担城市废墟的改造工程，在原工业厂房遗址上建立购物中心和一座博物馆，1994 年博物馆对外开放。

索玛雅博物馆的藏品总数超过 6.6 万件，主要是 15 世纪到 20 世纪的欧洲艺术品，代表艺术家有丁托列托、达利、毕加索、雷诺阿、夏加尔、米罗、梵高、马蒂斯、莫奈、埃尔·格雷考等。馆内还拥有世界上最大的罗丹作品私人收藏——380 件雕

塑作品及翻制模型。

除了其内在艺术价值之外，索玛雅博物馆的代表性还体现在其独特的外观设计上。索玛雅博物馆总共有 6 层，从外观上看，它仿佛是一个不规则的几何体，从不同角度被几道巨浪击中后扭曲着升至 45 米的高度。整个外立面被熠熠闪光的鱼鳞状抛光铝板覆盖，自由流线的曲面与弧线创造出极具视觉冲击力的造型，是一座结构大胆、形体自由的前卫建筑。

为适应外部的流线型结构，建筑内部每层的形状和构造都有所变化，并被一条作为楼梯的螺旋形的内部坡道连接起来。结构的基本框架包括 28 根不同曲率和厚度的钢柱，这些钢柱用圆环互相连接，像一个外骨骼一样承受了整个建筑的大部分重量，每根柱子都有不同的特性。

索玛雅博物馆

外文名称：Soumaya Museum
建造年代：1994年
占地面积：1.7万平方米
位置：墨西哥城波朗科区

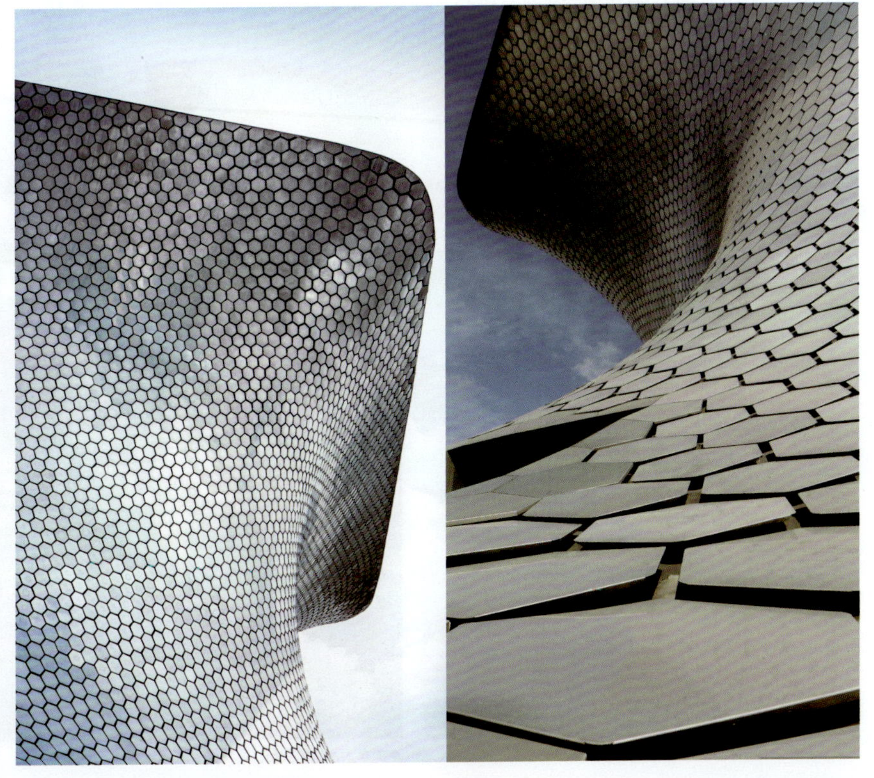

加拿大著名建筑

加拿大位于北美洲北部，东临大西洋，西濒太平洋，西北部邻美国阿拉斯加州，南接美国本土，北濒北冰洋。加拿大地区原为印第安人与因纽特人居住地，17 世纪初沦为法国殖民地，后被割让给英国。1926 年，英国承认加拿大的“平等地位”，加拿大获得外交独立权。1982 年，加拿大议会获得立宪、修宪的全部权力，并从英国独立。

不难看出，加拿大在很大程度上受到了欧洲文化的影响，使其在建筑风格上吸收了欧洲各国各时期的建筑特色，拥有众多的传统及现代建筑风格。例如源于英国中世纪的都铎式，田园情调的乡村式，充满浪漫色彩的巴洛克式，严谨典雅的维多利亚式等。

不过，根据地域特点，加拿大的民居也体现出了自己独特的建筑特色。加拿大为北美洲最北的国家，地广人稀，森林覆盖面积大，居世界第六，因此许多早期的建筑由原木和石头建成，屋顶是树技和干草，屋里是泥地，样式简陋，工艺粗糙。

◆蒙特利尔圣母大教堂

◆加拿大木结构民居

后来随着欧洲移民的到来，人们也大多采用木结构修建民居，维护材料也多是木质。

而一些重要建筑如教堂、宫殿、贵族府邸等，其建筑风格就随着历史的进程而产生了明显的变化。

加拿大在 17 世纪受到法国入侵，法国的巴洛克式建筑风格紧接着传入加拿大，在宗教建筑和政府建筑中占据了长久的支配地位，魁北克地区的教堂至今仍有法国路易十六时期的痕迹。18 世纪中期，英国移民将帕拉弟奥式建筑风格传入加拿大。这种建筑风格造型规整、左右对称、比例协调，在圆柱和窗户等细节部位的装饰都带有古希腊和古罗马的风格特点。

进入 19 世纪，加拿大地区的建筑风格开始变得多样化，受英、美建筑的影响，各种建筑风格都得以复苏和创新，哥特复兴式、新古典主义式、罗马式、安妮女王复兴式等多种风格并存。进入 20 世纪后，加拿大地区的建筑风格就如同其他国家一样，开始向着国际化、现代化发展，同时也带有自己的特色。

◆加拿大现代化城市建筑

加拿大广场

加拿大

加拿大广场位于蒙特利尔市中心，1967 年之前是自治领广场的一部分。广场上的建筑在 1986 年作为温哥华万国博览会的加拿大馆，逐渐成为该地区的象征之一。

加拿大广场占地面积约为 14 000 平方米，略大于毗邻的多切斯特广场，地形较为多样化。广场上有一座以巨型帐幕为外墙的建筑物，专为 1986 年加拿大博览会而建造，造价为 3.65 亿加元，由加拿大建筑师埃伯哈德·施德勒设计。

建筑内包括温哥华会议中心东翼、泛太平洋酒店、温哥华世贸中心、码头、商店、酒店、一家五星级饭店—泛太平洋酒店（The Pan Pacific Hotel），以及一个拥有宽大银幕的 CN IMAX 影院，由加拿大广场公司管理。

除了这些功能以外，加拿大广场所处的码头也是不列颠哥伦比亚省南岸地区的主要邮轮码头，所有从温哥华前往阿拉斯加的邮轮都从此处出发。广场的前身是加拿大太平洋铁路公司的码头乙和码头丙，虽然两座码头在 1955 年关闭，但联邦政府、卑诗省政府和温哥华市政府从 1978 年起开始规划该处的重建项目，并于 1982 年成立加拿大海港广场公司，重新将码头功能恢复。

大楼最大的特色是顶部那 5 组在 1984 年 9 月至 10 月期间陆续竖立的白帆，因此加拿大广场也被称为五帆广场。2010 年 7 月，加拿大广场进行了五帆屋顶的更新工程，新的 5 组白帆由聚四氟乙烯和玻璃纤维混合制成，样式与旧的白帆一致。整体来看，加拿大广场的外观与悉尼歌剧院和丹佛国际机场有所相似。

除了建筑内部的商务用途和外部的独特造型外，加拿大广场还是蒙特利尔市中心最好的观海地点之一。站在码头上极目远眺，海天一色，海风吹拂，令人心旷神怡，无数旅客也竞相来此旅游打卡。

加拿大广场

外文名称：Canada Place
建造年代：1986年
占地面积：1.4万平方米
位置：加拿大蒙特利尔市中心

蒙特利尔圣母大教堂

加拿大

蒙特利尔圣母大教堂又称蒙特利尔圣母院，位于加拿大蒙特利尔市旧城区中心的德拉姆广场对面，是最重要的天主教教堂之一，已经成为蒙特利尔市的核心建筑物和主要旅游景区之一。

蒙特利尔圣母大教堂始建于 1672 年，在三百多年的历史中经历了数次扩建。1708 年，进行首次扩建；1772 年，进行大规模扩建，并建造了侧面的两座钟楼；1734 年，大教堂再次扩建，建造了连接教堂主体和两侧钟楼的环廊；1824 年，蒙特利尔的苏尔比斯会开始修建新的大教堂，新的蒙特利尔圣母院在 1829 年建成，并成为当时北美地区最大的宗教建筑。

教堂正面是三扇呈尖拱式的高耸拱门，每个门上都有一座雕像。中间大门正上方是一个圣洁的十字架，下方是在群星环绕下的圣母雕像。教堂正门的两侧分别是 70 米高的双塔，西塔上挂有一座北美古老的巨钟，是北美最大的钟之一。教堂的外观宏伟壮观，庄严肃穆，看起来如同一座哥特式城堡。

其内部设计同样装饰华丽，富丽堂皇，主要以深蓝、天蓝、红、银和金的色调进行装饰，顶部还有用金箔制成的星星。玻璃窗上绘有彩色的圣经故事，墙壁以胡桃木和金叶装饰，有精致的彩色雕刻和绘画。

蒙特利尔圣母大教堂 

外文名称：Notre-Dame Basilica
建造年代：1672年
高度：70米
位置：加拿大蒙特利尔市旧城区中心德拉姆广场对面

加拿大国家电视塔

加拿大

加拿大国家电视塔位于加拿大安大略省多伦多市的港湾旁，是多伦多的标志性建筑，也是世界第二高的通讯塔、世界名塔联盟的成员。

电视塔建于 1976 年，高达 553.33 米，共 116 层，拥有 1776 级的金属阶梯。自从落成后，该塔一直被吉尼斯世界纪录大全纪录为世界最高的建筑和世界最高的自立构造，直到被哈利法塔超越，现为世界上第五高的自立式建筑物。1995 年，加拿大国家电视塔被美国土木工程师协会评为现代世界七大工程奇迹之一。

电视塔的主体结构由一个 450 米高的钢筋混凝土三肢束筒体组成，平面横截面为 Y 形，由沿中心对称的三个肢筒构成。塔底部从中心至肢筒边缘的长度为 33.3 米，宽度为 18.9 米，从底座至塔顶逐渐减小，呈稳定的三角形，主要目的是支撑塔的自重以及抵消风引起的倾覆力矩和剪力。

在钢筋混凝土束筒的顶部，有 104 米高的钢制天线桅杆封顶，塔筒顶部有一

个 7 层的吊舱结构，那是圆盘状的观景台，内部包含旋转餐厅、纪念品商店、小电影院和儿童乐园，以及可以让游客站到户外阳光下的瞭望台。

观景台的独特之处在于餐厅可以缓慢旋转，让客人在用餐的同时在 72 分钟内欣赏到 360 度的全景景观。此外，地面是由玻璃构成的，可以自上而下俯瞰多伦多的城市风光，让人有身临其境的感觉。塔外还支持徒手自由行走，也就是将游客系在一条与高架安全导轨相连的系绳上，围绕观景台行走一圈，对于许多游客来说是不可错过的高空行走体验项目。

在混凝土核心筒的顶部还有第二个较小的吊舱，也就是观景台再往上一层。它是第二个观景台，被称为"天空之盖"，也是白色塔尖的基座。这里高达 443 米，比起下方的大观景台，提供了有更好的视野。

加拿大国家电视塔

外文名称：The CN Tower
建造年代：1976年
高度：553.33米
位置：加拿大安大略省多伦多市安大略湖畔

卡萨罗马古堡

加拿大

卡萨罗马古堡坐落在加拿大多伦多市区以北的奥斯丁台山头上，外观具有明显的欧洲中世纪古典城堡风格，但它其实是一座仿古城堡，是加拿大首屈一指的富豪亨利·米尔·柏拉特爵士在20世纪初为妻子修建的私宅，现已成为加拿大著名的旅游景点。

卡萨罗马古堡由加拿大建筑师E.J.利诺斯设计，“Casa Loma”意为“山坡上的房子”。城堡建造期间雇佣了300名工人，历时3年，耗资350万加元建成。这是加拿大历史上最早建造的，也是最为壮观华美的私人城堡之一。

城堡主要由90多间装饰华美的套房、长达270米的隧道、古塔、马厩和面积达20 234平方米的花园构成。主体是三层楼的中世纪风格古堡，一楼为大厅，天花板上有美丽精致的雕花和壮观的彩绘玻璃穹顶，地板是意大利大理石铺成。橡木地板的图书室书柜高至天花板，花草温室、艺术品展览长廊、宴会厅等空间的装饰也异常华美。

卡萨罗马古堡 

外文名称：Casa Loma Castle
建造年代：1911年
占地面积：18583平方米
位置：加拿大安大略省多伦多市北部

二楼以起居室、套房和客房为主，包括主人和夫人的卧室、女童军展览室等。主卧室的天花板上有精致的蓝莓雕刻，十分逼真，虎皮地毯更是彰显出主人的身份和地位。

三楼设有女皇步枪博物馆、城楼、基旺尼斯展览室、观景室和佣人室等，主要展出各种枪支兵器和相关资料。

地下室的酒窖为复制品，走廊两侧挂满了在此取景的电影海报，此外还有纪念品商店。沿着地下密道可以通往马厩、车库和温室。

沿着狭窄的旋转楼梯，可以登上古塔的高层，透过小窗能欣赏到多伦多的市景。

栖息地67号

加拿大

栖息地 67 号位于加拿大蒙特利尔市，南临圣劳伦斯河，北向蒙特利尔市中心，东望圣海伦岛，是由著名加拿大建筑师摩西·萨夫迪设计的一个住宅小区，现已成为蒙特利尔的地标建筑，也是加拿大国家历史文物遗产之一。

蒙特利尔赢得了 1967 年世界博览会的主办权后，为呼应该届世博会的主题，当局决定建造一个新型住宅小区来展示现代城市房屋经济、生态、环保的发展趋势。

栖息地 67 号是由建筑师摩西·萨夫迪 1961 年的论文设计项目中“一个三维模块化建筑系统”发展而来的，它毫无疑问成为了当届世博会最吸引人的场馆之一。

可惜的是，为保证栖息地 67 号能在世博会亮相，其规模不得不从规划的 900 个模块大幅缩减至 158 个。每个模块长 12 米，宽 5.33 米，高 3 米，重 90 吨。这 158 个模块被起重机吊到主结构上，并以 16 种不同的配置进行排列，混凝土表面仅进行了喷砂处理，没有进行进一步的表面处理。

这些像积木一样相互堆砌的住宅单元包括两室、三室和四室的户型，面积从 112 平方米到 224 平方米不等，共同组成了 3 个独立的住宅单元群集。12 层高的综合住宅楼中的每个房间都拥有自己的屋顶花园，住宅单元、走道和三组对立的电梯井共同作为整个建筑的承重结构。

这种空间规划设计既展现了立方体的坚固特点，又呈现了错综复杂的美学形态，同时兼顾隐私性与采光性，表明了未来住宅人性化、生态化的发展方向。时至今日，许多原有居民仍然生活在这栋神奇的建筑里，设计师本人也在这里拥有一个私人住所。

栖息地67号

外文名称：Habitat 67
建造年代：1967年
房间数：158间
位置：加拿大魁北克省蒙特利尔圣劳伦斯河畔

渥太华国会山庄

加拿大

渥太华国会山庄位于加拿大首都渥太华的国会山上，是加拿大联邦议院和政府的所在地，也是渥太华乃至整个加拿大的象征和政治中心。

国会山庄是一片意大利哥特式建筑群，外墙为火山岩构造，于 1860 年由英国维多利亚女王的儿子威尔士奠基，1867 年正式开始建造。但不幸的是，这座壮观的建筑群在 1916 年的一场大火中被毁。之后，新的国会山庄在原地仿原设计重建，并于 1922 年完工。

在 1967 年，也就是国会山庄始建 100 周年，加拿大建国 100 周年的除夕夜里，加拿大政府举行了盛大的庆典，并在位于国会大厦前的广场中心点燃了长明火台，火台四周雕刻着加拿大各州的徽章，记载着它们分别加入联邦的日期。

国会山庄建筑群由三栋哥特式的建筑组成，分为中央区、东区与西区，其中包括和平塔、上议院、下议院、图书馆、纪念馆等建筑。大厦东侧为参议院，内部陈设以红色为主，被称为红厅。红厅四周墙壁上镶着白橡木，上方悬挂反映第一次世界大战的一组油画，议长的座位在正中，两旁是梯级的议员席位，大厅一

侧的楼上设有旁听席。西侧为众议院，地毯、座椅等均为绿色，故称绿厅。中央区后面是规模宏大的国会图书馆，馆内珍藏着各国的法典和珍贵书籍 50 多万册。

国会山庄最为著名的建筑是和平塔，塔高达 90 米，包括一座 4.88 米高的四面钟以及 53 个铃铛组成的定期演奏的钟琴，被誉为世界上最精致的哥特式建筑之一，也是国会山庄中最高的建筑。

渥太华国会山庄 

外文名称：Parliament Building
建造年代：1867年
高度：90米
位置：加拿大渥太华国会山

古巴著名建筑

古巴是北美洲加勒比海北部的岛国，是大安的列斯群岛中最大的岛屿，被誉为“墨西哥湾的钥匙”。哈瓦那是古巴的经济、政治中心和首都。

1492 年，哥伦布航海发现古巴岛。1510 年，西班牙远征军征服古巴并进行殖民统治。1762 年，英国占领古巴。1763 年，西班牙用佛罗里达的大部分领土换回了古巴。1898 年美西战争后，古巴被美国占领。1959 年 1 月 1 日，菲德尔·卡斯特罗率领起义军推翻了独裁统治，确立社会主义制度，古巴共和国成立。

在古巴的历史上，外来文化的冲击依然明显，本土建筑风格向欧美靠近也是不可避免的，但欧洲的殖民和统治也是古巴走向城市化、制度化的起点。

史前的古巴岛上存在过瓜纳哈达贝伊人、西博内人、泰伊诺人和太平洋原始部落土著印第安人。在公元 16 世纪之前，古巴岛上的居民基本处于原始生活状态，建筑艺术并未得到显著发展。但在西班牙人到来之后，古巴岛上的城市和建筑开始迅速发展。

◆哈瓦那大教堂

在 16 世纪，西班牙人开始在古巴建立城市，并建造了许多宏伟的城市建筑。当时欧洲的文艺复兴和宗教改革运动对古巴的建筑艺术产生了深远的影响，著名代表有哈瓦那的圣克里斯托瓦尔城堡和圣弗朗西斯科修道院。

在 18 世纪，法国人开始在古巴建造新的城市建筑，例如哈瓦那的卡洛斯三世剧院和普拉多大道。这些建筑具有浓郁的欧洲风格，但也与当地的木材、泥砖建筑风格相融合，形成了独特的古巴建筑风格。

在 19 世纪，一些欧洲的现代建筑风格，如新古典主义、巴洛克式等被引入古巴。进入 20 世纪后，随着时间的推移和古巴共和国的独立，古巴的建筑逐渐向着现代化、自主化发展，比如古巴国会大厦、古巴革命博物馆等。

在百年发展与殖民者更迭的过程中，古巴的城市建设经历了不同的历史时期，从殖民地时期到现代化发展，逐步形成了独特的城市风貌。至今，人们仍能在一些历史古迹中窥见当年的城市繁荣场景，同时也不会忽视现代化城市的魅力。

◆古巴国会大厦

◆古巴革命博物馆

圣佩德罗德拉罗卡城堡

古巴

圣佩德罗德拉罗卡城堡位于古巴圣地亚哥省，是军事工程师乔瓦尼·巴蒂斯塔·安东内利应圣地亚哥总督佩德罗·德拉罗卡德博尔哈的请求，于 1673 年为城市设计的防范海盗来袭的复合型堡垒建筑体，内含堡垒、军火库、工事和大炮，是西班牙裔美洲人的军事建筑中保存最完整、最好的一个。

加勒比海地区的商业和政治竞争促使人们在坚如磐石的海岬上修建了这一规模庞大的防御工事，用以保护重要港口圣地亚哥。圣佩德罗德拉罗卡城堡根据海角的地势而建，堡垒两侧以大角度直插海湾，坐落在一系列的梯田之上，作为防御城堡来抵抗外敌入侵，其坚固性非常好。

此外，整座城堡也体现了意大利的建筑风格和文艺复兴的特征。在鼎盛时期，城堡内曾经有超过 300 名士兵驻守，还有为士兵服务的奴隶、文书和神职人员，甚至还有供士兵使用的祈祷室。

城堡的大门内是深陡的壕沟，高高的城墙上箭孔密布，城堡顶部隐约可见幽深的炮口。城堡的墙体非常厚实，外面的热气无法透入，因此城堡内部的温度明显低于外部。城堡中楼层之间采用木板分隔，木板间留有空隙，这样的构造能够让城堡内部空气保持流通。

1997 年，根据文化遗产遴选标准 C（iv）和 C（v），古巴圣地亚哥的圣佩德罗德拉罗卡城堡被联合国教科文组织世界遗产委员会批准作为文化遗产列入《世界遗产名录》。从城墙到塔楼的痕迹中，人们可以领略从 16 世纪到 19 世纪意大利、西班牙和古巴军事建筑发展的轨迹。

圣佩德罗德拉罗卡城堡

外文名称：
San Pedro de la Roca Castle
建造年代：1673年
占地面积：93.88万平方米
位置：古巴东部圣地亚哥省

古巴国会大厦

古巴

古巴国会大厦位于首都哈瓦那的老城区，在 1959 年以前一直是古巴参议院和众议院的办公楼，现在则是古巴科学院和古巴科技与环境部的所在地。

古巴国会大厦 

外文名称：Cuban Capitol
建造年代：1929年
高度：92米
位置：古巴哈瓦那老城区

古巴国会大厦是古巴最宏伟的建筑之一，被列为世界上最著名的六大国会宫殿之一。它见证了古巴历史上的许多重要事件，对古巴来说具有非常重要的历史意义和文化价值。

国会大厦建成于 1929 年 5 月 20 日，由美国建筑师威廉 · K · 劳尼和古巴建筑师贡萨洛 · 阿尔塞共同设计，总面积达 18 000 平方米。

大厦整体采用新古典主义建筑风格，立面装饰精美，采用了大量的浮雕、廊柱和拱门等古希腊和古罗马建筑元素，外形酷似美国华盛顿的国会大厦。大厦的圆顶采用钢架结构，再辅以石头建造而成，高 92 米，在 20 世纪 50 年代之前一直是哈瓦那最高的建筑。

大厦内部的所有地面都是用黄金镶嵌的大理石铺成的，每个房间的墙壁和天花板都被装饰得精美、繁复，古典风格的家具和灯饰无处不在，高雅华丽，尽显气派。大厦外部有几个漂亮的法式花园，花园内绿草如茵，风景优美。

哈瓦那大教堂

古巴

哈瓦那大教堂又称圣克里斯托瓦尔大教堂，位于古巴首都哈瓦那的老城区，是罗马天主教哈瓦那总教区的主教座堂，供奉着圣母以及圣基道霍。它是这座城市最重要的历史建筑之一，耶稣会古巴作家阿莱霍·卡彭铁尔将该堂描述为“石头的音乐”。

教堂始建于 1748 年，由意大利建筑师弗朗西斯科·博罗米尼设计，以其独特的哥特式和巴洛克式建筑风格以及丰富的文化历史而闻名。教堂于 1787 年完工，经历过多次修建与扩建，呈现出浓厚的西班牙殖民时期风格，教堂内还曾安放过哥伦布的遗骨。

现在的教堂是巴洛克建筑美学的极致典范，建筑外立面以米黄色的石灰石建筑材料为主，搭配着华丽的装饰物和尖顶的钟楼，虽左右不对称，但依旧非常宏伟壮观，令人心生敬畏。

虽然教堂外部是巴洛克风格，但内部装饰却是古典风格。高大的彩色玻璃窗、雕塑和壁画十分精美，主教厅的巨大亚麻布壁画描绘着圣基督的生平和古巴的历史，令人叹为观止。

哈瓦那大教堂 

外文名称：Havana Cathedral
建造年代：1748年
宗教派别：天主教
位置：古巴哈瓦那老城区中心

哈瓦那大剧院

古巴

哈瓦那大剧院，也称为加利西亚宫，是古巴国家芭蕾舞大剧院，位于古巴首都哈瓦那市中心，也是世界上最大的歌剧院之一。古巴最著名的芭蕾舞大师阿丽西亚·阿隆索和她创建的古巴国家芭蕾舞团经常在这里演出和排练。

这座新巴洛克风格的石制大剧院始建于 1907 年，前身是西班牙的一个俱乐部，后来经过修建后成为了如今的模样。它坐落在哈瓦那的 José Martí 广场，旁边就是著名的古巴国会大厦。

哈瓦那大剧院外观的拱廊式设计来源于西班牙殖民时期带来的欧洲拱廊街文化。剧院的每一角都建有一座塔楼，而每一座塔楼上都矗立着一个天使雕塑。

哈瓦那大剧院 

外文名称：
El Gran Teatro de la Habana
建造年代：1907年
别名：加利西亚宫
位置：古巴哈瓦那市中心

这些雕塑由意大利雕塑家朱塞佩·莫雷蒂（Giuseppe Moretti）创作，分别描绘了慈善、教育、音乐和戏剧的象征。剧院内还拥有两个小音乐厅，会放映艺术电影。

第5章 南美洲建筑

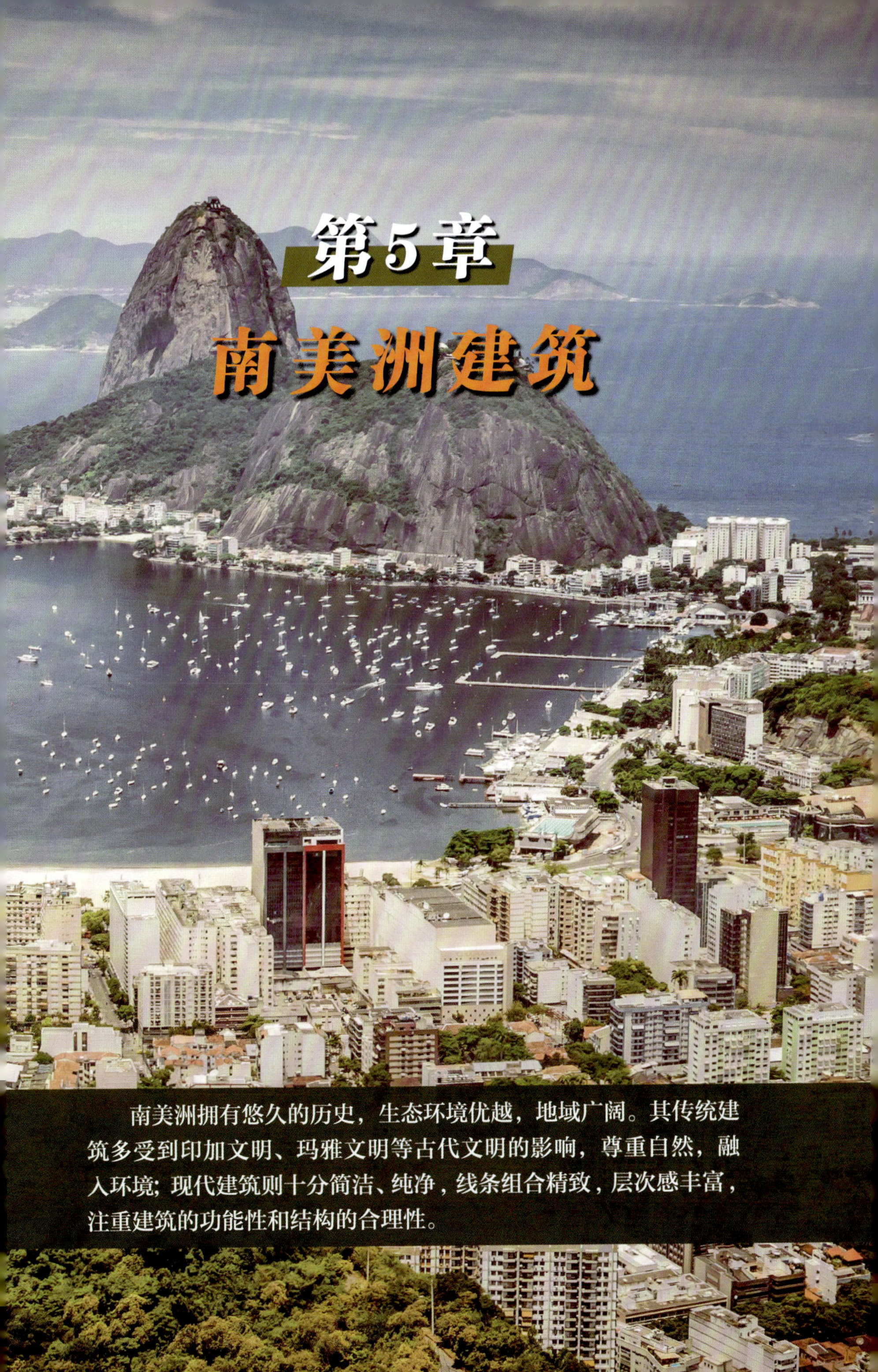

南美洲拥有悠久的历史，生态环境优越，地域广阔。其传统建筑多受到印加文明、玛雅文明等古代文明的影响，尊重自然，融入环境；现代建筑则十分简洁、纯净，线条组合精致，层次感丰富，注重建筑的功能性和结构的合理性。

巴西著名建筑

巴西是南美洲最大的国家，世界排名第五，原为印第安人居住地。16 世纪 30 年代，巴西沦为葡萄牙殖民地。19 世纪初，拿破仑战败后，流亡到巴西的葡萄牙王室返回里斯本，而王子佩德罗则留在巴西担任摄政。1822 年，佩德罗王子宣布巴西脱离葡萄牙独立，建立了巴西帝国。1889 年 11 月 15 日，丰塞卡将军发动政变，推翻帝制，成立巴西合众国。

巴西的历史决定了其建筑发展过程与欧洲殖民国家保持着一定的同步性，但又因为地处热带地区，受到美洲地区古文明的影响，因此具有浓厚的殖民地和印第安文化特色，尤其是在民居建筑上，带有独特的拉丁美洲的热情与奔放。

较早传入巴西的建筑风格是巴洛克风格，其特点是华丽、浮夸，讲究对称、对比和夸张的效果。在巴西，巴洛克风格最著名的建筑出自葡萄牙殖民统治时期的著名矿业城市——欧鲁普雷图。这座著名的历史古城以其精美的巴洛克建筑、丰富的文化遗产和金矿资源而闻名于世，是巴西最重要的殖民地遗址之一。

◆欧鲁普雷图城

新古典主义风格于 19 世纪初在欧洲兴起后，也传入了巴西。这种风格追求古典美学的完美和对称，注重细节和比例。在巴西，新古典主义风格的代表作品包括里约热内卢的国家图书馆和巴西国会大厦等。

进入 20 世纪后，鲜明的巴西现代主义建筑艺术开始崛起，后来也成为了世界现代主义建筑风格的代表之一。在这个时期，巴西正处于一个快速发展的阶段，在工业革命、经济繁荣、城市化加速、文化多元化等社会变革的推动下，巴西建筑迈入了现代化进程。

同时，欧洲的包豪斯学派、荷兰派等风格也对巴西现代主义建筑艺术产生了巨大影响。比如里约热内卢现代艺术博物馆等建筑，就是巴西现代主义建筑风格的典型代表。

巴西现代建筑注重将建筑与自然环境相融合，反映了巴西人对自然和环境的重视。此外，巴西现代建筑还体现了巴西人对现代化、科技和未来的向往。

◆里约热内卢现代艺术博物馆

巴西皇宫博物馆

巴西

巴西皇宫博物馆位于圣保罗市中心的独立公园内，其前身是 19 世纪的巴西摄政王葡萄牙王子佩德罗在位时兴建的皇宫，由意大利设计师托马索·贝斯于 1885 年设计建造，历时 5 年，于 1890 年正式建成。

然而，皇宫建成后不久，帝国就被推翻了，皇室未能入住。于是在 1895 年，皇宫开始作为博物馆使用，以纪念 1822 年巴西的独立。1922 年，巴西独立一百周年之际，在皇宫博物馆前建造了一座独立广场。广场上的独立纪念碑是巴西独立的象征，燃烧的纪念碑圣火象征着巴西对独立的坚定信念。独立后的首位国王佩德罗和其王后的遗体，就安放在纪念碑下的皇家小教堂中。

巴西皇宫博物馆现展出历代兵器、宫廷用品、历史档案、出土文物等，馆藏以南美地区的考古、民俗资料齐全而著名，是圣保罗历史最悠久的博物馆之一。馆内收藏了 19 世纪中期到 20 世纪早期的众多艺术精品，包括巴西帝国时代的皇室用品、家具以及皇室收藏的绘画、雕塑等，还有珍贵的历史文献和手稿。1989 年，

皇宫博物馆被列入世界文化遗产。

皇宫博物馆不仅具有文化和历史价值，其本身也是一座优雅精美的欧洲巴洛克式建筑。皇宫长 123 米，宽 16 米，为两层宫廷式建筑，外墙为鹅黄色，正面大量采用罗马式拱门与石柱设计，使皇宫博物馆呈现出稳重而优雅的气质。

皇宫博物馆的宏伟工程还体现在主体建筑四周模仿法国凡尔赛宫的花园上。花园建于 1909 年，由比利时人亚塞纽斯·普特曼斯根据法国巴洛克式花园的风格而设计。在巴西独立一百周年之际，花园进行了扩建，总占地面积达到 1500 平方米，现已成为皇宫博物馆的重要景点之一。

巴西皇宫博物馆

外文名称：Brazilian Palace Museum
建造年代：1885年
建筑风格：法国巴洛克式
位置：巴西圣保罗市中心独立公园

巴西利亚大教堂

巴西

巴西利亚大教堂位于巴西首都巴西利亚，由拉丁美洲现代主义建筑的倡导者、被誉为“建筑界的毕加索”的著名巴西建筑师奥斯卡·尼迈耶设计。

这位为巴西现代主义建筑做出杰出贡献的艺术家曾说过：“我特意忽视那些正确的、方方正正的建筑，忽视那些用尺规设计的理性主义，而是去拥抱曲线的世界。”他设计的巴西利亚大教堂也具有明显的现代主义曲线特征，并成为了巴西利亚城的标志之一。

巴西利亚大教堂是一座造型奇特的伞形建筑，整体呈现双曲线型，16 根抛物线状的支柱支撑起教堂的穹顶，支柱间用大块的彩色玻璃相接，从远处看去好似变形的洋葱，又像白色的皇冠。露出地面部分的建筑只是大教堂的屋顶，弧形的柱子是屋脊，而教堂大厅则位于地面以下。内部最大直径为 70 米，高 36 米，人们通过甬道进出。

整座教堂外形线条简洁，内部光线明亮、空间宽敞，穹顶下方有 3 座悬在空

中的天使神像，犹如身在蓝天白云中，站在厅内仰视，有神降人间的视觉效果。

大教堂迥异的现代风格明显区别于同时期的欧洲教堂，它并非利用内外部光线的变化和奢华繁复的装饰来营造神秘的宗教氛围。

巴西利亚大教堂 

外文名称：Brasilia Cathedral
建造年代：1970年
高度：36米
位置：巴西首都巴西利亚

巴西国家体育场

巴西国家体育场是一座位于巴西利亚的综合体育场，是 2014 年巴西世界杯足球赛第二大的球场。场地内举办了 2013 年联合会杯开幕式、2014 年巴西世界杯包括四分之一决赛在内的 7 场比赛，2016 年奥运会的一些足球赛事也在此举行。

巴西是一个体育大国，足球事业更是在此得到蓬勃发展。为了筹办好 2014 年在巴西里约热内卢举行的第 20 届世界杯足球赛，巴西政府为此投入超过 137 亿美元改造了 12 个体育场馆以及机场、铁路等基础设施项目，巴西国家体育场的前身马内·加林查国家体育场也在此列。

马内·加林查国家体育场于 1974 年兴建，原可容纳 45 200 人。为了达到 2014 年世界杯的要求，马内·加林查国家体育场被推倒重建。2010 年，马内·加林查国家体育场更名为巴西国家体育场，重建工程也于同年 4 月动工。改造完成后的巴西国家体育场能容纳 68 009 名观众。

巴西国家体育场 

外文名称：Estadio Nacional of Brazil
建造年代：1974年
观众容量：68 009名
位置：巴西首都巴西利亚

新的体育场在设计时既要恰当考虑该地建筑历史，与城市传统建立明确联系，有机地融入城市环境，又要保持其独特的当代风格。因此，建筑师为巴西国家体育场设计了一个全新的环廊外观、金属顶棚、看台以及更低的场地。

这座环廊拥有密林般的柱廊结构，内部观众席主体由人行步道环绕，连通所有入口设置。双层结构的悬索顶面是一个标准的环形几何体，由一圈混凝土压缩环固定在适当的位置，上层为半透明 PTFE 结构，下层为背面照明的膜结构。膜结构具有超强的透光性能，可以为观众提供充足的光照条件，同时屋顶可移动，意味着季节变化对体育场活动的影响不大。

明日博物馆

巴西

明日博物馆位于巴西第二大港——里约热内卢的瓜纳巴拉湾，是一座外观超现实主义的大型自然科学博物馆，也是里约热内卢的重要地标之一。

博物馆由西班牙创意建筑师圣地亚哥·卡拉特拉瓦

明日博物馆 

外文名称：Museum of Tomorrow
建造年代：2015年
占地面积：5000平方米
位置：巴西里约热内卢瓜纳巴拉湾

设计，罗伯托·马里诺基金会出资约 2.3 亿雷亚尔建设，于 2015 年 12 月 17 日由巴西总统迪尔玛·罗塞夫出席开幕，拥有 5000 平方米的展览空间和 7600 平方米的泉水广场。

博物馆以其前卫的展览和创新的艺术作品而闻名，馆内有 5 个主要展区：宇宙、地球、人类、明天和现在，主题涵盖气候变化、环境保护、可再生能源、城市规划、生物多样性等领域，展出了许多国内外当代艺术家的作品，涵盖绘画、雕塑、装置艺术等多种形式。

博物馆的外观也是一大参观亮点，科学与创新设计相结合，外部有一个大型悬臂结构，面向大海的一侧为 45 米长，面向广场的一侧为 75 米长，外观仿佛大鱼的骨架，具有非同一般的现代主义和未来科技感。博物馆的常设展览空间位于楼上，设有 10 米高的屋顶，此外，博物馆内还有一个能容纳 400 人的礼堂，以及酒吧、餐厅、商店和一个为教育活动而建造的“探索明天的实验室”。

三权广场

巴西

三权广场位于巴西首都巴西利亚，是巴西利亚的政治中心，也是各个行政机关和司法建筑的集中地，被称为巴西的神经中枢。其中的“三权”是指国会、总统府和最高法院，三大建筑群环绕在周围。广场宽 250 米，长 8000 米，总面积达 200 万平方米，相当于一个中型机场，以气势恢宏、宽敞博大著称于世，丰姿多彩的现代主义建筑令人惊叹不已。

广场最东面是两层楼高的巴西总统府——普拉纳尔宫，宫外的围廊悬空外露，廊柱形似菱角，前方空地上有一尊两人持矛并肩而立的首都开拓者铜像，象征着巴西人民团结一心捍卫祖国。

从三权广场通向城西广播电视大楼的大街是著名的三权广场大道，大道两侧高楼林立，建筑物各有风采，造型丰富，充分体现了巴西利亚现代主义建筑的成就。

三权广场上最具代表意义的是议会大厦，又称国会大厦，是巴西利亚全城的制高点，象征最高权威。大厦由两座并列的 28 层大楼组成，中间有过道相连，建筑呈“H”形，大厦前的平台上有两只硕大的碗状建筑，一只碗口朝上，是众议院的会议厅，寓意广纳民意；一只碗口朝下，是参议院的会议厅，寓意集中决策。

三权广场 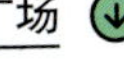

外文名称：
Square of the Three Powers
建造年代：1958年
占地面积：200万平方米
位置：巴西首都巴西利亚

里约大教堂

巴西

里约大教堂位于巴西里约热内卢市，是一座带有明显现代主义建筑风格的天主教教堂，因其特殊的圆锥造型和建筑外部类似台阶的元素，又被称为天梯教堂，是里约热内卢的标志性建筑之一，也是现代艺术的杰作。

里约大教堂为纪念天主教的圣徒圣塞巴斯蒂安而建造，始建于 1964 年，历经 12 年时间，终于在 1976 年落成并投入使用。教堂的主体是一座整体呈圆锥形，顶部平整，远观如玛雅金字塔一般的、以钢筋混凝土为主要建筑材料的现代建筑。

教堂高 75 米，底座直径 106 米，框架结构由规则的方框构成，宽敞高大，气势恢弘，可容纳 2 万人。教堂正门前有一座天主教皇保罗二世的铜质塑像，左侧是顶端竖立着十字架的钟楼。进入教堂内部，映入眼帘的是直通顶端的巨大彩色玻璃窗和讲礼台上方用钢索悬空吊起来的耶稣像。教堂顶端是玻璃的十字架造型，阳光透过十字架和彩色玻璃窗照射进来，使得大厅光线明亮柔和又显得色彩斑斓，给整个教堂增添了神秘的色彩。

讲礼台的背面是小礼拜堂和忏悔室，四周雕刻有圣母玛利亚怀抱儿时耶稣的雕塑及其他常见的塑像。前方则是礼拜堂，规模很大，显得空旷开阔。

教堂周围有花木葱茏的小花园，环境优雅，绿地面积虽然不大，但与钢筋混凝土教堂结合起来显得十分精致。

里约大教堂

外文名称：Rio de Janeiro Cathedral
建造年代：1964年
高度：75米
位置：巴西里约热内卢市中心

尼迈耶当代艺术博物馆

尼迈耶当代艺术博物馆，又称尼泰罗伊当代艺术博物馆，坐落在巴西里约热内卢州尼泰罗伊市瓜纳巴拉湾上方的悬崖边上，是巴西著名建筑师奥斯卡·尼迈耶的设计作品，始建于1991年，1996年9月2日正式落成。

尼迈耶当代艺术博物馆 

外文名称：Museu Oscar Niemeyer
建造年代：1991年
占地面积：2500平方米
位置：巴西里约热内卢州尼特罗伊市

尼迈耶为这座当代艺术博物馆赋予了花朵的意象，博物馆则以设计师的姓氏命名，以示对这位伟大建筑师的纪念。这里每年都举办多种现代艺术展览，现已成为里约热内卢重要的旅游景点和象征性建筑之一，同时也被认为是尼迈耶设计生涯中的最佳作品之一。

尼迈耶当代艺术博物馆高 16 米，上圆顶直径 50 米，下基座直径 9 米，占地面积约 2500 平方米，由面积约 817 平方米、深 60 厘米的水池环绕在中央。这样的设计使得主体建筑宛如一只飞碟停留在高 2.7 米的立柱之上，又像一盏名贵的威士忌酒杯飘浮在碧海蓝天之中，由一条 98 米长的盘旋彩色坡道与地面相连，充分体现出现代建筑艺术的美感。

博物馆内部主厅呈六边形，提供了近 400 平方米的无柱展览空间，周围环绕着圆形的观景长廊，可供游客欣赏海湾风景。馆内陈列了由若昂 · 萨塔米尼收藏的 118 件战后的巴西现代艺术珍品，包括油画、雕塑等艺术品。

马拉卡纳体育场

巴西

马拉卡纳体育场位于里约热内卢迪茹卡区马拉卡纳体育中心，是巴西最大的足球场，被誉为“世界第一足球场”，在历史上曾最多容纳 20 万人，为当今世界上最大的非综合性体育场馆之一，记录了巴西足球的发展历史。

体育场为 1950 年巴西世界杯而修建，由巴西著名设计师拉法埃尔和建筑师奥兰多、安东尼奥、佩德罗·保罗等人设计，于 1948 年 8 月开工，1950 年 6 月竣工。体育场建筑面积为 11.85 万平方米，设计可容纳人数为 15.5 万人，其中包括 30 000 个站位、93 500 个普通座位、30 000 个高级座位以及包含 1500 个座位的包厢。

数十年来，为保留这一巴西宝贵的足球遗产，巴西政府斥巨资对马拉卡纳体育场进行过多次改造，场内不仅安装了现代化的草皮喷灌系统，也将台上的站位安装上了座椅。此外，原有只能遮盖顶层看台的 30 米顶篷也进行了延伸，新顶篷由 46 100 平方米的 PTFE 涂层玻璃织物组成，采用高预张力的电缆环索结构，共

设置一个外圈压环和三个外圈拉环，悬挑 68 米，顶篷下部由 60 根混凝土“Y”形柱支承。

经过改造后的马拉卡纳体育场已经成为巴西的一个著名的文化、体育和旅游中心。

马拉卡纳体育场

外文名称：Maracana Stadium
建造年代：1950年
占地面积：195 600平方米
位置：巴西里约热内卢迪茹卡区马拉卡纳体育中心

阿根廷著名建筑

阿根廷位于南美洲东南部，东临大西洋，南与南极洲隔海相望，领土面积居世界第八位，是拉美地区综合国力较强的国家。在16世纪前，阿根廷地区为印第安人居住地，16世纪中叶沦为西班牙殖民地，后在19世纪初宣布独立。

拉丁美洲的许多国家都拥有相似的殖民与独立历史，并且殖民者基本都来自欧洲，因此这些国家的建筑发展轨迹的重合度也是比较高的，殖民时期的建筑更是带有明显的文艺复兴和古典主义元素。

阿根廷也不例外，作为一个多元文化的国家，阿根廷拥有丰富多样的建筑风格。这些建筑风格融合了阿根廷的传统文化、欧洲移民文化以及当地原住民文化，形成了独特而多样化的阿根廷特色建筑。

在一些著名的历史古城，如科尔多瓦市中，还留存有许多富有历史价值的壮观美丽的殖民建筑。这些建筑记录着国家的历史与时代的兴衰，对于阿根廷人民来说是非常宝贵的文化遗产。

◆科尔多瓦大教堂

◆布宜诺斯艾利斯大教堂

除此之外，大量民众对天主教的信仰也使得阿根廷的宗教建筑发展迅速，大大小小的天主教堂遍布城乡各地。比如位于布宜诺斯艾利斯市中心的、该市最古老的教堂之一——圣依纳爵教堂，就是多元文化背景融合下的典型代表。这座教堂建造于 17 世纪，结合了阿拉伯、西班牙和法国的建筑样式，展示了阿拉伯和欧洲建筑风格的奇妙融合。

阿根廷的现代建筑也体现了文化融合的特点，不同的城市呈现出不同的建筑特色。典型代表有坐落在阿根廷最大的现代化城市之一——拉普拉塔市的拉普拉塔现代艺术博物馆，它的外观充满了时尚和创新的气息，内部设计与展览空间的布局都体现了现代主义建筑的设计理念，给人一种独特而舒适的艺术体验，反映了阿根廷的现代化进程和文化传承。

此外，阿根廷的塔楼也是极具特色的现代建筑。除了美观和文化内涵外，这些塔楼建筑还具有重要的社会功能，如作为居住空间、商业办公区和旅游景点等。

◆阿根廷塔楼

布宜诺斯艾利斯方尖碑

阿根廷

布宜诺斯艾利斯方尖碑位于阿根廷首都布宜诺斯艾利斯市的科连特斯大道和7月9日大道交汇处的共和国广场中心，是在1936年为了庆祝布宜诺斯艾利斯建城400年而建造的。共和国广场是阿根廷国旗在布宜诺斯艾利斯第一次升起的地点，在这里树立起来的方尖碑自然具有非同一般的纪念意义，是布宜诺斯艾利斯最著名的城市象征和地标建筑之一。

负责建造方尖碑的是德国西门子集团旗下的著名建筑公司，花费了约20万阿根廷比索，耗费人力150余人，总计使用680立方米的混凝土和1360平方米的奥

布宜诺斯艾利斯方尖碑

外文名称：The Obelisk of Buenos Aires
建造年代：1936年
高度：67.5米
位置：阿根廷布宜诺斯艾利斯市共和国广场

兰白石，在开工 31 天后建成了这座纪念碑。

布宜诺斯艾利斯方尖碑高 67.5 米，基座面积为 49 平方米，外形呈尖顶方柱状，由下而上逐渐缩小，顶端形似金字塔尖。

碑身由灰白色的大理石构成，四面都刻有铭文，南面刻的是阿根廷诗人 Baldomero Fernández Moreno 的诗《El Obelisco》。在方尖碑所处的广场上，一面阿根廷国旗高高飘扬。

不难看出，该形态起源于古埃及，方尖碑一直是古埃及崇拜太阳的纪念碑，同时也是古埃及帝国权威的强有力的象征。后来这些古文物被大量搬运到西方国家，这种形态也为世界建筑师提供了灵感。

比如阿根廷首都布宜诺斯艾利斯的这座方尖碑，就是用于纪念国家和首都诞生而树立起来的。除此之外，典型代表还有著名的美国华盛顿纪念碑，它也是一座方尖碑。

五月广场

阿根廷

五月广场的前身是“大广场”或称“胜利广场”，与布宜诺斯艾利斯城同时诞生，由亚松森代理总督胡安·德卡拉伊（Juan De Garay）于1580年修建，迄今已经有400多年的历史。

1810年5月，阿根廷人民发起反对西班牙殖民统治的独立斗争——五月革命，并于5月25日在此宣布脱离西班牙统治，成立拉普拉塔临时政府，从此开始了建设独立国家的进程。从此以后，五月广场就被阿根廷人视为共和国的神经中枢，也是阿根廷独立的纪念地。

广场中心矗立着一座13米高的金字塔形纪念碑，名为五月金字塔，是为纪念在1810年五月革命中献身的爱国志士而修建的。洁白的塔身四面是阿根廷国徽的浮雕，朝东的一面刻有一行金色大字：1810年5月25日。塔顶站立着的是罗马神话中女神蓓罗娜的雕像，象征着自由解放。

广场的正西面有一座白色的两层建筑，正中是钟楼，拱形门廊分列两翼，具

有典型的西班牙殖民时代风格。这里曾是殖民时期布宜诺斯艾利斯的市政厅，现已被辟为博物馆，二楼的议会大厅中保留着当年五月革命起义者开会时的布置，名为五月与独立大厅。

五月广场东侧是一座西班牙式的玫瑰色建筑物，是被称为玫瑰宫的总统府。在五月金字塔与玫瑰宫之间是国旗设计者贝尔格拉诺将军的青铜雕像，将军身着 19 世纪的军装，跃马横空，单手高举一面大旗。

广场南北两边的大道外侧是一座具有 280 多年历史的大教堂，阿根廷国父圣马丁就长眠在广场西北角的大教堂内。广场西侧有一条 30 米宽、1 公里长的五月大街，阿根廷国会大厦就在这条街上。

五月广场

外文名称：Plaza de Mayo
建造年代：1580年
位置：阿根廷布宜诺斯艾利斯市老城中心区

哥伦布大剧院

阿根廷

哥伦布大剧院位于阿根廷首都布宜诺斯艾利斯市中心，又称科隆大剧院，是世界三大歌剧院之一，仅次于纽约大都会歌剧院和米兰斯卡拉歌剧院。剧院由建筑师弗朗西斯科·塔布里尼按照 19 世纪巴黎歌剧院和维也纳国家歌剧院等欧洲大剧院的传统建筑形式设计，始建于 1889 年，于 1908 年建成，具有浓郁的欧洲古典主义剧院风格。

哥伦布大剧院外部的附属建筑很多，比如音乐学校、舞蹈学校、舞美设计学校，以及图书馆、档案馆、声乐艺术博物馆、古乐器博物馆等。

剧院正门入口处有高大的前廊、廊柱、门槛、墙面、台阶、扶栏等，全部由雕刻精美的大理石构成。内部装饰得金碧辉煌，大理石走廊由无数根罗马式圆柱支撑，廊内有一尊尊雕像，都镀有耀眼的金箔。天花板上一排排晶莹透亮的棱形吊灯将室内映照得一片辉煌，地面铺着红色天鹅绒地毯，十分奢华。

剧场大厅呈马蹄形，面积为 7050 平方米，厅内设有世界上最大的舞台之一，长 35.25 米，深 34.5 米，周围围绕着 3 层包厢、4 层楼座，同时还有总统和市长的专用包厢，共有观众座位 3200 个，座位之间宽敞舒适。

剧院大厅的穹顶装饰着阿根廷著名画家劳尔·索尔迪绘制的51幅音乐舞蹈题材绘画，靠近天花板的墙上题满了曾在这里演出过的著名乐队和世界名剧的名称。

剧场内还设有观众休息厅、艺术家休息厅、会议厅、宴会厅、排练场、练功室和交响乐团演奏厅等。每个厅里都有著名音乐家、作曲家、乐队指挥的塑像，走廊上则陈列着各种名剧剧照、名画和其他艺术品。

哥伦布大剧院

外文名称：Teatro Colón
建造年代：1889年
占地面积：7050平方米
位置：阿根廷布宜诺斯艾利斯市中心

阿根廷首都大教堂

阿根廷

阿根廷首都大教堂位于五月广场西北角，又称布宜诺斯艾利斯拉宾哈大教堂或布宜诺斯艾利斯主教座堂，是一座历史悠久，规模宏大的教堂。

教堂建成于 1723 年，距今已有 280 多年的历史，阿根廷国父、民族英雄、南美解放者何塞·德·圣马丁将军长眠于此。

阿根廷首都大教堂 

外文名称：Catedral Metropolitana de Buenos Aires
建造年代：1723年
建筑风格：新古典主义
位置：阿根廷布宜诺斯艾利斯市五月广场西北角

阿根廷首都大教堂是典型的古罗马柱廊式风格，正面 12 根高大的罗马柱支撑着上方的 15 度锐角的等腰三角形屋脊，屋脊上雕刻着栩栩如生的圣经故事，形制类似于罗马万神庙，但立柱比万神庙多了 4 根。

教堂的外观融合了罗马式、哥特式和巴洛克式元素，立面壮观，呈现出优雅、庄重的氛围。教堂内部装饰也十分华丽，壁画、花窗玻璃等艺术品丰富多样，展现了阿根廷众多知名艺术家的精湛技艺。

大教堂的墙上有一个熊熊燃烧的火炬，这就是著名的“阿根廷火焰”，它是在 1950 年为纪念圣马丁逝世 100 周年点燃的。火焰下方有一块铜质铭牌，上面写着“这里安放着圣马丁将军和独立战争中其他无名英雄的遗体。向他们致敬！”

在大教堂主圣坛的右侧厅里有圣马丁将军的铜棺，铜棺安放在黑色大理石基座上，3 座大理石雕像分别代表商、工和自由，装饰在基座周围，灵柩后方立着原先立在圣马丁将军法国墓前的木制十字架。灵柩旁立着的是圣马丁纪念碑，碑上有许多纪念五月革命的雕塑，铭刻着圣马丁的名言和独立战争中英雄们的业绩。

阿根廷总统府

阿根廷总统府是阿根廷总统及其属下办公的所在地、阿根廷国家的行政指挥中心，也是阿根廷最具历史纪念意义的建筑之一。由于建筑外墙被涂为粉红色，阿根廷总统府也被称为“玫瑰宫”，并已被列为阿根廷国家历史遗迹。

总统府位于阿根廷布宜诺斯艾利斯市蒙色纳特区巴尔伽尔色街 50 号，正面面对五月广场，背靠拉普拉塔河，两旁分别是经济部、国家税务中心和国家中央银行等重要国家部门。

作为带有鲜明西班牙殖民时期风格的新古典主义建筑，阿根廷总统府的历史最早可以追溯到 1594 年，费尔南多·奥蒂斯·撒拉德将军在此主持修建了一个堡垒，并将其作为西班牙统治者的行政指挥中心。

经过百年沧桑，当年的堡垒早已被推倒，现在人们看到的阿根廷总统府是于 1882 年开设建造的，1894 年完工，并从 1898 年开始作为总统的办公之地使用。

总统府主建筑高 3 层，东楼加上地下一层共有 4 层，外立面原是白色的，1850 年根据时任总统多明戈·萨尔缅多的建议，才将外墙涂成了粉红色。总统府内部由白厅、北厅、荣誉厅、意大利楼梯、法国楼梯、棕榈花园和总统府博物馆等部分组成。

其中，白厅是府内最重要的大厅，是总统上任交接、接见外国元首或大使的地方。此外，政府部长就职宣誓等重要国事活动也都在此厅举行；北厅是总统与内阁总理、政府部长讨论国事的地方；荣誉厅则陈列了 1810 年以来历届总统的半身大理石塑像；意大利楼梯和法国楼梯分别布置了意大利和法国政府赠送的雕塑等艺术品；棕榈花园是府内的小花园；总统府博物馆在东楼地下一层，收藏了历任总统使用过的制服、绶带、权杖、私人用品、肖像雕塑以及总统夫人的首饰等。

阿根廷总统府 

外文名称：Casa Rosada
建造年代：1882年
别称：玫瑰宫
位置：阿根廷布宜诺斯艾利斯市蒙色纳特区巴尔伽尔色街50号

阿根廷国会大厦

阿根廷

阿根廷国会大厦是阿根廷国会的所在地，也是世界上规模最大的国会大厦之一，由建筑师维托里奥·梅尼奥以华盛顿国会大厦为原型设计，是一座意大利学院派建筑，面积约 12 079 平方米，呈现希腊罗马风格。

1889 年，时任总统塞拉曼提议在恩特雷里奥斯、康贝特·德·洛·波索斯、维多利亚和里瓦达维亚大街之间建立立法机关办公地。6 年后，在 1895 年举行的一次国际项目招标中，意大利建筑师维托里奥·梅尼奥的设计方案得到了赞赏，国会大厦于 1896 年开始正式新建。

梅尼奥的设计方案比较倾向于应用学院派、折衷主义和古典主义，这使得整座建筑的气势与精美装饰丝毫不输于华盛顿的国会大厦。

阿根廷国会大厦主体有 4 层，外立面以白色大理石装饰，带雕饰的希腊式立柱环绕着整个建筑。大厦正中高高耸起一座 80 米高、直径 20 米的绿色穹顶塔楼，塔身半腰处一辆青铜四架马车凌空欲飞。

大厦前屹立着气势宏伟的两议会纪念碑，底座四角上是铜塑雄鹰，碑顶上站立着一尊代表共和国的妇女铜像，两侧各有一个妇女雕像，分别象征 1813 年大会和 1816 年议会。

阿根廷国会大厦 

外文名称：
Argentine National Congress Building
建造年代：1896年
占地面积：12 079平方米
位置：阿根廷布宜诺斯艾利斯市中心议会广场

卢汉天主教堂

阿根廷

卢汉天主教堂又称卢汉圣母院或卢汉大教堂，位于阿根廷首都布宜诺斯艾利斯西北约68公里处的卢汉镇，是阿根廷最大的3座教堂之一，也是阿根廷最大的哥特式建筑之一。这里是阿根廷天主教红衣主教的驻地，因此成为该国天主教徒做弥撒和还愿的圣地。

卢汉天主教堂始建于1887年，为典型的17世纪法国哥特式尖顶建筑，正面是两座高耸的对称尖塔型钟楼。钟楼高106米，楼顶各安放着一架巨大的十字架，十字架高6米，重达1700公斤。

每个塔身上安放有4个大钟，每个直径3米，建造于阿根廷的罗萨里奥。左边的塔楼内存放着1921年从意大利米兰运来的15尊大小不等的钟，重量在55公斤到3400公斤之间。塔身中还陈列着耶稣的12个圣徒和4个福音作者的塑像，每个塔身的四角建有滴水嘴，雕刻着恶魔逃避上帝的形象。

教堂前是一个面积巨大的广场，正门高高的台阶上耸立着 3 扇十几米高的拱形大门，中央最大的拱门上方开有一个雕花精美的圆形天窗。教堂内部装饰庄重、华丽，又带有强烈的神秘感，巨大的窗户上嵌着来自法国的五彩玻璃，每块装饰玻璃均描绘着一个圣经故事。

教堂里保存着一尊 1630 年的陶瓷圣母雕像，圣母脚踩浮云，两手合掌于胸前，红色长袍上披着蓝色的、带有颗颗白色星星的披巾。一轮弯月镶嵌在圣母脚下的云彩中，几个展翅飞翔的小天使伴其左右。

卢汉天主教堂 

外文名称：Nuestra Senora de Lujan
建造年代：1887年
建筑风格：哥特式
位置：阿根廷布宜诺斯艾利斯西北68公里卢汉镇

巴罗洛宫

阿根廷

巴罗洛宫位于阿根廷首都布宜诺斯艾利斯的五月大街 1370 号，它曾是整个南美洲最高的建筑，也是阿根廷首都最吸引人眼球的建筑之一，以其壮丽的建筑风格和独特的设计而闻名。它曾是贵族和权贵的居所，现在出租给商店、律所、剧院等做商用，定期举办各种文化活动、音乐会、艺术展览和戏剧演出，同时接待游客参观。

巴罗洛宫由意大利建筑师马里奥·帕兰蒂设计，由当时的面料界大亨何塞·巴罗洛投资建造。由于两人都是但丁·阿利吉耶里的崇拜者，对其才华及其《神曲》相当钦佩，便都有将《神曲》融入到建筑中的想法，这使得巴罗洛宫与但丁《神曲》的契合度非常高。

这座建筑以意大利文艺复兴风格为主，同时融入了巴洛克和哥特式的元素。外观采用了浅黄色的石材，装饰着各种精美的神话传说和历史场景雕刻，宫殿的立面布局非常对称，宏伟壮观。大楼完成于 1923 年，高 100 米，每一米代表《神曲》的一个篇章。大楼有 22 层，每层代表一个段落，所有楼层包括地下室和楼顶的露

天天文台分成 3 个部分，分别是地下室代表的地狱、地面到 14 层代表的炼狱和顶部天文台代表的天堂。

建筑内部装饰精美绝伦，每个房间都有独特的主题和装饰风格。宫殿墙壁上装饰着丰富的壁画和雕塑，家具采用华丽的木质雕刻和丝绸面料，充满浓厚的艺术气息。

巴罗洛宫

外文名称：Palacio Barolo
建造年代：1923年
高度：100米
位置：阿根廷布宜诺斯艾利斯五月大街1370号

智利著名建筑

智利位于南美洲西南部，安第斯山脉西麓，东邻阿根廷，北与秘鲁和玻利维亚接壤，西临太平洋，南与南极洲隔海相望，是世界上最狭长的国家。

智利原为阿劳干人、马普切人、火地人等印第安人的居住地，在 16 世纪初以前属于印加帝国。1535 年西班牙人开始入侵，1541 年起沦为西班牙殖民地。1810 年 9 月 18 日，智利成立执政委员会，实行自治。1818 年，智利宣告独立。

智利与阿根廷的历史在一定程度上是相似的，都曾在同一时期被殖民和移民，导致其建筑发展史也有部分重合。其历史建筑体现了该国的殖民时期风格，例如智利总统府，就是在 19 世纪初殖民官邸的基础上改建而来的。

实际上，智利由于与阿根廷相邻，两国无论是历史建筑还是现代建筑风格都比较统一，以西班牙和欧洲其他国家的建筑风格为主，融合了本土的印加文化特色与自然环境，注重环保和生态。

◆智利国家邮政局

◆智利总统府

智利巴哈伊寺庙

智利巴哈伊寺庙位于智利首都圣地亚哥市郊的安第斯山脉脚下，是世界上第八座巴哈伊灵曦堂。寺庙由多伦多的哈里里·庞塔里尼建筑事务所设计，耗时 14 年建成，秉持巴哈伊宗教中“多元中的共性”的原则，旨在为来访的每个人创造一个平静而又颇具内涵的空间。

寺庙由 9 层巨大的螺旋玻璃面纱构成，顶部有一个开孔天窗，光线和空气得以自由地流入内部。外侧的材料选用的是经过 4 年测试和实验而来的铸造玻璃面板，内部的半透明大理石来自葡萄牙，不仅优雅美观，而且具有良好的抗震和抗风能力。

该建筑的设计风格是有机主义和未来主义的结合，每层都按照不同的规格建造，形成了一个美丽的、有凝聚力的圆顶整体。哈里里·庞塔里尼建筑事务所的设计才华和创新精神使这座神殿成为世界上最独特的建筑之一，并于 2019 年获得了加拿大皇家建筑学院（RAIC）颁发的 2019 RAIC 国际奖。

智利巴哈伊寺庙 

外文名称：Bahai Temple
建造年代：2016年
高度：30米
位置：智利圣地亚哥市郊

圣地亚哥大教堂

智利

圣地亚哥大教堂，也称圣地亚哥主教堂，位于智利首都圣地亚哥的历史中心，面对着武器广场。教堂始建于 1748 年，是智利著名的巡礼教堂和最重要的宗教中心之一，于 1951 年被列为智利历史和文化建筑遗产。

如同许多同时期的西班牙建筑一样，圣地亚哥大教堂的正立面带有鲜明的巴洛克风格，但很多构图元素来自本国传统或建筑师个人。例如，正立面中央部分和两边拱门上的罗马式三角屋脊，就呈现出一种独特的风格，可以视作新古典主义与巴洛克式建筑的融合。

建造之初，这座教堂是没有钟楼的，直到 1780 年对教堂进行修缮时，才增加了两个钟楼，1800 年完工后形成了现在的模样。

教堂正面有三个拱形开洞和装饰性壁柱，内部对应着三个拱形长廊，每个长廊的长度均超过 90 米。教堂内部十分华丽，墙壁和石柱上遍布精美的雕刻和壁画，

彩色的玻璃花窗透出明艳的色彩，为教堂内部增添了一丝神秘的氛围。

教堂内保存着圣弗朗西斯科·沙乌略的木制雕像、17 世纪的重达 20 多公斤的银灯，以及放置神圣工具的《最后的晚餐》壁画。此外，智利历任大主教的遗骸也都保留在大教堂的地下。大教堂的南面是大教堂博物馆，它有 3 个展厅，里面陈列着圣物、宗教绘画等。

圣地亚哥大教堂

外文名称：Santiago Cathedral
建造年代：1748年
建筑风格：巴洛克式
位置：智利圣地亚哥市中心武器广场

奇洛埃教堂群

智利

奇洛埃是智利最大的岛屿，周围地区和城市的居民多是西班牙北部加利西亚地区移民的后代。岛上宗教色彩浓厚，教堂数量众多且历史悠久。

大量、广泛地使用木头是奇洛埃岛屿独特的传统，岛上的教堂群也是由木结构建造而成，只有地基是石头搭建的。

奇洛埃教堂群 

外文名称：Churches of Chiloé
建造年代：17世纪
建筑风格：奇洛克风格
位置：智利南部奇洛埃群岛

在 18 世纪，奇洛埃群岛上一共有约 300 所教堂，它们当中最早的是由耶稣会的传教士们于 1608 年修建的。1767 年耶稣会的人被驱逐出南美洲后，方济各会的托钵修士们又来到岛上继续建造教堂。

欧洲文化和奇洛埃群岛传统文化的相互交融，成功地创造出了这些起源于 17 到 18 世纪的结构独特的木制建筑，它们与周围景致、自然环境完美融合在一起，被认为是拉丁美洲最重要的民族建筑之一，代表了这个国家现代历史的早期文明和文化传统。

奇洛埃教堂多是长方形结构，外墙和内部两排木柱支撑着天花板的木椽，屋顶呈鞍形，从教堂内部可以看见穹顶。教堂外部的墙和屋顶多用小松树块或者木屑装饰，有的也用挂有喷绘了各种颜色的金属盘的木板做装饰。

2000 年，奇洛埃教堂群被联合国教科文组织世界遗产委员会批准作为文化遗产列入《世界遗产名录》。

科斯塔内拉塔

智利

科斯塔内拉塔位于圣地亚哥马波乔河畔开发区的西北角，紧邻安第斯山脉，由西萨·佩里及其事务所设计建造，承包商为萨尔法建筑公司，于 2012 年 2 月 14 日上午封顶。科斯塔内拉塔高 300 米，是南美洲最高的建筑，也是南半球的第二高楼。

由于智利位于环太平洋地震带，地震频发，人类有记录以来的最强震——震级为 9.5 级的瓦尔迪维亚大地震就发生在这里，因此智利的建筑在建造时都需要保持超高的抗震性，摩天大楼尤其如此。科斯塔内拉塔作为南美第一高楼，采用了新的抗震技术，包括使用剪力墙，帮助房屋抵消外部作用引起的水平荷载，防止结构破坏的抗震墙体，来抵御 9 级地震。

也正是由于地震的侵扰，大楼的施工历时 8 年，期间经历了数次中强震、强震，建到 22 层时还经历过一次 8.8 级巨震，最终在 2012 年初才得以封顶，并于 2014 年正式投入使用。

大楼共 64 层高，地下还有 6 层，采用现场浇筑混凝土楼板的方式建造，内部为双竖井蜂窝状和上锥形结构，其成形则采用了 DokaSKE100 自爬升模板系统，与迪拜大厦的系统相同，建造过程中总共消耗了 7.2 万吨混凝土和 1.6 万吨钢材。

大楼外立面主要由带有高性能镀膜的蓝色玻璃构成，可提供从地面到天棚的无遮挡视野和智能遮阳。细长的楼体自下而上逐渐内收，顶端为网架状的冠顶，下宽上窄的结构使其更具有抗震性。

建筑内配备了双层轿厢电梯系统，在底部两层设计有电梯大厅，在 36 层设计有空中大堂，宏伟的形态让它成为了圣地亚哥的地标性建筑。

科斯塔内拉塔 

外文名称：Torre Costanera
建造年代：2006年
高度：300米
位置：智利圣地亚哥马波乔河畔

哥伦比亚著名建筑

哥伦比亚是位于南美洲北部的海陆兼备国家，东邻委内瑞拉和巴西，南接厄瓜多尔和秘鲁，西濒太平洋，西北与巴拿马相连，北临加勒比海。哥伦比亚共和国原为印第安人的居住地，1536 年沦为西班牙殖民地。1810 年 7 月 20 日，哥伦比亚共和国宣布独立，后遭镇压。1819 年，哥伦比亚重获解放。

不难看出，与阿根廷和智利一样，哥伦比亚也是一个深受印加文明和欧洲移民文化影响的国家，其建筑艺术在欧洲文化的带动下向前发展，又随着国家的独立而发展出自己的道路，与当地气候、地理环境结合起来，形成了独属于南美洲的特色建筑体系。

哥伦比亚建筑中的殖民风格与其他南美国家类似，注重对称、浮雕、复杂的栏杆等元素的运用，给人一种庄重而典雅的感觉。现代设计则更侧重于简洁、流线型的外观，采用玻璃、金属等材料，打破传统的建筑形式。

◆拉斯拉哈斯巴西利卡教堂

◆圣弗朗西斯科教堂

圣费利佩德巴拉哈斯城堡

哥伦比亚

圣费利佩德巴拉哈斯城堡是哥伦比亚卡塔赫纳市的一座古堡垒，坐落在圣拉扎罗山的一个战略位置上，始建于 1536 年，是哥伦比亚乃至南美洲最大的前工业时代建筑之一，也是美洲保存最完好的殖民时代军事建筑之一。

圣费利佩德巴拉哈斯城堡由西班牙人在殖民时期建造，以当地出产的巨石和砂浆为材料，目的是从陆地和海上两种角度保证这个城市不受侵犯。城堡后来在 1657 年进行了扩建，最多可安装 63 门大炮，设有岗亭、蓄水池、超过 600 米的地下隧道和避难所等。

1741 年，西班牙海军上将 Blas de Lezo 依托圣费利佩德巴拉哈斯城堡，率领 3000 多士兵和水手击败了近 3 万英国军队的攻击，终结了英国对哥伦比亚地区的进攻。2007 年，在哥伦比亚七大奇迹的评选中，圣费利佩德巴拉哈斯城堡名列第四，如今已经被列为世界遗产。

圣费利佩德巴拉哈斯城堡

外文名称：Castillo San Felipe de Barajas
建造年代：1536年
建造者：西班牙殖民者
位置：哥伦比亚加勒比海岸卡塔赫纳市

圣弗朗西斯科教堂

哥伦比亚

圣弗朗西斯科教堂，也称圣弗朗西斯科修道院，位于南美洲哥伦比亚的首都波哥大，由阿尔伯蒂设计，建于 1450 年前后，是西班牙殖民时期南美洲巴洛克式宗教建筑的典范之一。

圣弗朗西斯科教堂由一座大教堂、几座小教堂和众多的回廊组成，大教堂宏伟壮观，小教堂各具特色，回廊则如同迷宫般曲折。

教堂的正立面修建有三孔凯旋门式拱门，两侧是高度相当的巴洛克式钟楼，墙壁以及钟楼的四角上都有精美的雕刻装饰，对称感极强，呈现出庄重的宗教氛围。正门处的 4 根涡卷柱支撑着沉重的檐部，顶部是装饰精美的穹顶。

教堂内部装饰华丽又不失庄重，支撑屋顶的圆柱上镶嵌着金箔雕刻，四周的枝形吊灯在亮起时能将教堂内部映照得纤毫毕现。在白天，阳光透过透亮的玻璃窗洒下，自然光的弥散使得教堂内充斥着神圣而庄严的氛围，让人沉浸于宗教的

虔诚与安宁之中。

教堂里还珍藏着丰富的艺术瑰宝，包括印第安人和西班牙人的绘画和雕塑名作，每一件作品都有着独特的意义，是游人必看的珍宝。

圣弗朗西斯科教堂 

外文名称：Church of St. Francis
建造年代：1450年
建筑风格：巴洛克式
位置：哥伦比亚首都波哥大

秘鲁著名建筑

秘鲁是南美洲西部的一个国家，北邻厄瓜多尔和哥伦比亚，东与巴西和玻利维亚接壤，南接智利，西濒太平洋。

秘鲁的原始居民包括克丘亚、艾马拉、莫奇卡和普基纳等印第安人。公元 11 世纪，印第安人在库斯科定居，农业和手工业高度发展。13 世纪，属于克丘亚的印加部落从库斯科盆地向外扩张，1438 年占领整个秘鲁和附近一些地区，建立以库斯科为首府的印加帝国。

1533 年，秘鲁沦为西班牙殖民地。1544 年成立秘鲁总督区，成为西班牙在南美殖民统治的中心。1821 年 7 月 28 日，秘鲁宣布独立，成立秘鲁共和国。

秘鲁最负盛名的建筑包括印加帝国留存至今的古迹，如著名的马丘比丘遗址、帕恰卡马克遗址、昌昌城等，以及 16 世纪西班牙在南美殖民统治中心时期留下的大量殖民时期历史建筑，如皇家费利佩城堡、利马大教堂等。

◆马丘比丘遗址

◆利马大教堂

利马大教堂

秘鲁

利马大教堂位于秘鲁利马市中心的武器广场，是罗马天主教利马总教区的主教座堂，始建于 1535 年，1625 年初次建成，此后历经多次重建，但仍保持了西班牙殖民式的建筑风格和立面结构。目前的建筑物落成于 1924 年，由波兰建筑师设计，被认为是 20 世纪早期利马新殖民建筑的典型范例。

利马大教堂是典型的巴洛克式、哥特式和罗马式建筑的融合造型，凭借宏伟壮观的殖民风格外表引人注目，同时也以其精湛的雕刻艺术、金碧辉煌的内饰和悠久的历史吸引着无数游客。

利马大教堂 

外文名称：Cathedral of Lima
建造年代：1535年
建筑风格：巴洛克式、哥特式、罗马式
位置：秘鲁利马市中心武器广场

教堂内部装饰十分豪华，雕像精致逼真，神台高大明亮，环境神圣庄严。墙壁上排列的古董油画、华丽的祭坛、有趣的棋盘格地板、精致的拱形天花板、刻有浮雕的唱诗班座椅，任何一处细节都令人赞叹。

马丘比丘遗址

秘鲁

马丘比丘位于秘鲁库斯科省西北 75 公里处，建在距乌鲁班巴河面 2400 米高的山脊上，俯瞰着河谷，为热带丛林所包围，是著名的印加帝国在 15 世纪建造的城市遗迹，南美洲最重要的考古发掘中心，也是世界新七大奇迹之一。

考古发现，马丘比丘全城面积约 9 万平方米，建于 15 世纪印加帝国开始扩张时的帕查库特克统治时期，是印加帝国贵族的乡间休养场所，直到 1532 年西班牙征服秘鲁时都有人居住。

马丘比丘由 3 个部分组成，即神圣区、通俗区、祭司和贵族区。主要遗址由 200 座建筑和 109 个连接山坡和城市的石梯（有的台阶多达 1000 多级）组成，包括太阳神庙、祭坛、贵族庭院、官衙、平民或奴隶的住房、作坊、广场、浴池、堡垒等，宏伟壮观，规划井然。

马丘比丘的建筑为印加传统风格，城内所有建筑都以石头砌成，墙基直接凿嵌在岩层上，各种不同形状的巨大花岗岩石块在不使用砂浆的情况下被巧妙地相

互拼合起来，形成了这样一座奇迹城市。

在马丘比丘的中心位置，一个小型洞穴的顶部建有一座太阳神庙，与月亮神庙遥相对立。它是马丘比丘的代表性建筑，也是现存印加古迹中最为知名的太阳神庙之一。其规模之宏大，是整个古城中至高无上的象征，代表着神权和政治的中心，从中可以看出古印加人对天文和建筑学的精湛造诣。

马丘比丘古城的祭台上有一个长方形石头，表面打磨得非常平滑，棱角齐整，面向东方，是印加文化中著名的“拴日石”。印加人通过观察拴日石的日影变化来确定季节，编制日历。除此之外，遗迹外围的梯田是马丘比丘的农业区，同样也是该古城最负盛名的景观之一。

1983 年，马丘比丘古城被联合国教科文组织世界遗产委员会批准作为文化和自然双重遗产列入《世界遗产名录》，是世界上为数不多的文化与自然双重遗产之一。

马丘比丘遗址

外文名称：Machu Pichu
建造年代：1440年 ~ 1500年
占地面积：9万平方米
位置：秘鲁库斯科省西北75公里

阿雷基帕城历史中心

秘鲁

阿雷基帕城历史中心，也称阿雷基帕古城，位于秘鲁阿雷基帕省的首府阿雷基帕城，是一片面积达 1.67 平方千米的建筑群。古城周边火山密集，共计有 80 座，因此城市建筑大部分由一种白色的未固结的火山凝灰岩为材料，也因此有"白城"的美称。

阿雷基帕古城是西班牙殖民者和当地土著居民的杰作，代表了欧洲与本土建筑技术、风格的融合，已于 2000 年被联合国教科文组织世界遗产委员会批准作为文化遗产列入《世界遗产名录》。

在西班牙殖民时期，秘鲁总督辖区中该地的西班牙人聚居比例最高，因此阿雷基帕古城富有殖民时期遗留下来的安达卢西亚及西班牙特色，保存了很多状况良好的西班牙殖民美洲时期的建筑物。

但从 1940 年起，来自秘鲁各地的人大量涌入，改变了该市的人口和文化特征。城市中灵动的城墙、拱门、拱形屋顶、院子、开阔的空间，以及建筑正面复杂的巴洛克式装饰，这些都表明了欧洲与本土风格的双重影响。

阿雷基帕大教堂是阿雷基帕古城中非常具有代表性的建筑之一，它位于武器广场，是天主教阿雷基帕总教区的主教座堂，也是秘鲁自殖民时期以来最著名的教堂之一。其立面挺拔雄伟，具有巴洛克式的精美风格，极具历史感。

阿雷基帕城历史中心 

外文名称：
Historical Centre of the City of Arequipa
建造年代：1540年
占地面积：1.67平方千米
位置：秘鲁阿雷基帕省首府阿雷基帕城

圣马丁广场

秘鲁

位于秘鲁世界遗产利马历史中心范围内，靠近武器广场的圣马丁广场是在1921年7月27日开幕的，以庆祝秘鲁独立100周年的纪念性广场。

广场前身为玛尔特广场，后以南美解放之父何塞·德·圣马丁将军的姓氏命名，占地面积为2.46万平方米，正中央矗立的是一尊在美洲独立战争中建有奇功的民族英雄圣马丁将军跃马横枪的青铜雕像，是秘鲁首都利马的地标之一，见证了秘鲁的历史变迁。

圣马丁广场上的建筑风格偏向欧式新古典主义，带有浓郁的西班牙殖民时期的气息，比如精致的圣马丁宫殿和波利瓦尔宫殿等。广场四周是各种米黄色的楼房和高大的棕榈树，广场中间有一条宽阔的尼科拉斯德皮埃罗拉大街，游客可以在此感受秘鲁的历史与文化。

圣马丁广场

外文名称：Plaza San Martín
建造年代：1921年
占地面积：2.46万平方米
位置：秘鲁利马市老城区

第6章

大洋洲建筑

大洋洲位于南太平洋，各个国家仿佛一座座巨大的岛屿分布在海洋上，与其他大陆隔绝。其建筑风格主要受到岛屿环境和太平洋地区文化的影响，同时也从外来移民的文化中汲取灵感，更多地呈现出一种与海洋和自然融合、多元文化融合的包容感。

澳大利亚著名建筑

澳大利亚位于南太平洋和印度洋之间，由澳大利亚大陆、塔斯马尼亚岛等岛屿和海外领土组成，四面环海，是世界上唯一一个国土覆盖整个大陆的国家，也是南半球经济最发达的国家。

澳大利亚地区的最早居民为土著人，1770 年，英国航海家詹姆斯·库克抵达澳大利亚东海岸，宣布英国占有这片土地。1788 年 1 月 26 日，英国开始在澳大利亚建立殖民地。1931 年，英国议会通过《威斯敏斯特法案》，给予澳大利亚自治领内政、外交独立自主权，从此澳大利亚成为英联邦内的一个独立国家。

作为一个移民大国，澳大利亚包容吸纳了来自全球各地的文化和建筑艺术。同时，澳大利亚所处的陆地也是一个拥有悠久历史和丰富文化遗产的大陆，除了美丽的自然景观，这里还拥有许多令人惊叹的史前巨石建筑。

在澳大利亚的各个地区，可以发现许多不同类型的史前巨石建筑，包括石圈、石塔、石人和石墙等，这些巨石可能用于举行重要的宗教仪式或作为天文观测点，

◆悉尼歌剧院

也可能是被用作居住地或防御工事，见证了澳大利亚古代居民卓越的建筑和深厚的精神信仰。

在近现代时期，澳大利亚的建筑主要流行维多利亚风格、爱德华时代风格、加州平房式风格、安妮女王风格以及从欧洲传入的新古典主义风格等。

其中，维多利亚风格在 1840 年至 1901 年间盛行于澳大利亚地区，早期的建筑简单而正式，中期的装饰更丰富，后期的建筑更宏伟、华丽，并融合了意大利的巴洛克式和哥特式风格。

爱德华时代风格也被称为联邦式建筑风格，主要流行于 1901 年澳大利亚独立后的联邦时期，特点是房屋大量使用砖石和木材，屋顶通常呈拱形或三角形，木雕装饰多，用色偏淡。

至于澳大利亚的现代建筑，地标性建筑十分强调力度、变化和动感，设计独特，让人眼前一亮；住宅则出现了开放式起居以及与外部景观的结合，空间宽敞明亮。

◆澳大利亚国会大厦

澳大利亚国会大厦

澳大利亚

澳大利亚国会大厦又称澳大利亚联邦议会大厦，位于澳大利亚首都堪培拉的国会山上，是澳洲行政权和立法权的核心所在，也是建筑艺术、工艺美术和装饰艺术完美壮观的统一体。

国会大厦由美国设计师吉乌尔古拉设计，于 1981 年开始建设，在 1988 年 5 月 9 日澳大利亚建国 200 周年时，由英国女王伊丽莎白二世剪彩启用。在建造当时，它是南半球最昂贵的人造建筑物。

大厦为矩形，长宽均为 300 米，占地面积达 32 公顷，地上建筑有 6 层，有 4500 多间房间；底层为停车场，可容纳 2000 多辆汽车。

建筑平面布局呈 X 形，交点是顶端六楼玻璃天窗下的议员厅，两翼是众议院和参议院。参议院以澳大利亚北部和中部地区的赭红色为主色调进行设计，众议院以澳大利亚盛产的桉树叶的绿色为主色调，突出了澳大利亚特色。

整个建筑的核心在于双回力镖形状的设计，以及矗立在大厅顶上总长达 81 米、

重 220 吨的不锈钢巨大旗杆，旗杆上飘扬着一面长 12.8 米、宽 6.4 米的澳大利亚国旗。在议会大厦正门前院里，有一幅用 10 万块花岗岩片镶嵌的花纹图案，描绘人们聚集在一个开会的地方，象征了议会大厦的使命。

众议院和参议院的会议厅布局相似，众议院议员的座席是绿色的，中间是议长的席位，桌子两旁是执政党和反对党正、副领袖的座席，四周有普通公民旁听席和新闻记者席；参议院议员的座席是红色的，共有 76 席。

大厦内部装饰典雅，洁净明亮，楼梯及楼梯扶手全用汉白玉砌筑。各个厅室和走廊里陈列着 3070 件名画、雕塑、装饰精品和照片。

澳大利亚国会大厦

外文名称：Parliament House
建造年代：1981年
占地面积：32万平方米
位置：澳大利亚堪培拉国会山

维多利亚女王大厦

澳大利亚

维多利亚女王大厦坐落于澳大利亚新南威尔士州首府悉尼市中心最繁华的乔治大街上，紧邻悉尼市政厅和圣安德鲁教堂。大厦内有超过 200 家的商店、咖啡馆和餐厅，是悉尼最大的购物中心，也是澳大利亚高档商场的象征，吸引了无数游客在此消费。

维多利亚女王大厦由当时苏格兰著名的设计师乔治·麦克雷设计，建成于 1898 年，为了纪念维多利亚女王即位钻石周年而得名。

大厦最初的用途是作为市场以及办公室，当时内部有一个音乐厅，一些咖啡馆、办公室、杂货铺和展览室，同时还住着各行各业的商人，比如裁缝、绸布商、理发师以及花匠等。

20 世纪 30 年代，维多利亚女王大厦成为了市议会的办公场所。1959 年，政府计划拆除这栋华丽但已经开始倾斜的历史古迹，不过后来通过工匠们的修复，这栋 7 层楼的建筑物得以保留，并在 1986 年重新开业后迅速转变为一个历史性的

旅游景点及美丽的购物中心。

维多利亚女王大厦长 190 米，宽 30 米，几乎占据了乔治街整个街区。建筑外观是圆顶的罗马风格结构，顶端中央耸立着精致的大型拱顶，直径为 20 米，周围还有 20 个小圆顶。大厦中心圆顶的外层是铜架，内层以及建筑侧面都装饰有华丽的彩色雕花玻璃，还有细密的木制镶板。

大厦内部悬吊的两个大钟极具特色，南侧的一座钟外形模仿苏格兰的贝尔莫勒城堡，时钟正点会播放音乐玩偶剧；另一座巨钟是由悉尼本地的匠人于 2000 年制作的，是南半球最大的吊钟，每半点报时。

大厦二楼还存放有一些历史文物收藏，如英国皇家珠宝、中国玉制新娘花轿、皇家之钟、伟大的澳大利亚之钟以及一株玉树等，游客可在此欣赏到澳大利亚的历史与文化。

维多利亚女王大厦

外文名称：Queen Victoria Building
建造年代：1898年
长度：190米
位置：澳大利亚悉尼市中心乔治大街

悉尼歌剧院

澳大利亚

悉尼歌剧院位于澳大利亚新南威尔士州悉尼市区北部悉尼港的便利朗角，是澳大利亚最著名的地标性建筑之一，被联合国教科文组织世界遗产委员会认定为世界文化遗产。

悉尼歌剧院始建于1959年3月，由丹麦建筑师约恩·乌松设计建造。期间经历了支持歌剧院工程的工党政府下台以及设计师辞职等事件，这些变故影响了歌剧院的工程进度，因此直到1973年，悉尼歌剧院才正式落成，耗资1200万澳元。

悉尼歌剧院占地1.84万平方米，长183米，宽118米，高67米，坐落在距离海面19米的花岗岩基座上，由3组、10块大型“贝壳”组成，外形犹如即将乘风出海的白色风帆，与周围景色相映成趣。

第一组“贝壳”依次排列，前3个面向海湾，一个覆盖着一个，最后一个则背向海湾，内部是2679个座位的大音乐厅，用于举办交响乐、室内乐、歌剧、舞蹈、合唱、流行乐、爵士乐等多种表演，音乐厅正前方有全世界最大的机械木连杆风琴；第二组“贝壳”位于主建筑东侧，与第一组大致平行，形式相同但规模略小，内

部是 1547 座的歌剧厅，用于歌剧和舞蹈表演；第三组在西南方，由两对方向相反的壳片组成，里面是餐厅；其他房间都巧妙地布置在基座内。

歌剧院的白色屋顶由 2194 块每块重 15.3 吨的弯曲形混凝土预制件用钢缆拉紧拼成，外部由一百多万片瑞典陶瓦铺成，并经过特殊处理，因此不惧怕海风的侵袭。

悉尼歌剧院

外文名称：Sydney Opera House
建造年代：1959年
占地面积：1.84万平方米
位置：澳大利亚悉尼市北部悉尼港便利朗角

澳大利亚战争纪念馆

澳大利亚

澳大利亚战争纪念馆位于澳大利亚首都堪培拉市区，伯利·格里芬湖北面的澳纽军人路上，为了纪念自1788年以来，在澳大利亚参与的9次战争中为国捐躯的10万澳大利亚战士而建造，是澳大利亚的国家祭坛以及战史、军史的教育和研究中心。

澳大利亚战争纪念馆 

外文名称：Australian War Memorial
建造年代：1941年
占地面积：1.3万平方米
位置：澳大利亚堪培拉市澳纽军人路

战争纪念馆于 1941 年动工，并于 1971 年竣工，面积达 1.3 万平方米，四周环绕着 12 公顷的草坪。纪念馆主体建筑为一栋青灰色的有着墨绿圆顶的长方形建筑，中央是纪念堂，两侧是展览馆，融合了拜占庭式和古典复兴式建筑风格，庄严肃穆，纪念意义鲜明。

纪念馆共分为 3 个部分，分别是纪念厅、无名英雄墓和战争记录研究中心，平面布局呈十字架形，馆内还有追思堂、展览室、放映厅等。

中央的纪念厅中还包括了 3 个主大厅，即第二次世界大战展厅、布莱德 · 拜瑞战机展厅以及澳新军团展厅，展出了大量战争遗物、图片和模型。纪念厅两旁建筑的走廊墙壁上镶嵌有黑色石碑，石碑上刻有烈士的名字，石碑缝隙中插满了鲜红的罂粟花。

纪念馆中的澳新军团厅位于堪培拉的中轴线上，建筑体量庞大，但其屋顶被设计得十分平整，这使其显得十分轻盈。此外，原本 10 米高的展厅大半被埋在地下，只露出地面 4 到 5 米，成为原有建筑环境的衬托。

悉尼海港大桥

澳大利亚

悉尼海港大桥是一座单孔拱桥，在建成时曾号称世界第一单孔拱桥，现仅次于中国重庆的朝天门长江大桥，为世界第二单孔拱桥。它与举世闻名的悉尼歌剧院隔海相望，是连接悉尼港口南北两岸的重要交通枢纽。

悉尼海港大桥是悉尼早期的代表性建筑，其历史可追溯到 19 世纪初。1815 年，建筑师弗朗西斯·葛林威建议新南威尔士州总督拉克伦·麦夸里在北部海港南岸建造一座桥梁，但在当时并没有得到重视。

经过上百年的酝酿，1923 年，政府终于开始根据督建铁路桥的总工程师布莱费博士的蓝图进行招标，并由英国一家工程公司中标承建。1923 年 7 月 28 日，悉尼海港大桥的官方动工仪式开启，1932 年 3 月 19 日，悉尼海港大桥竣工通车，工程历时 8 年多。

悉尼海港大桥的全长（包括引桥）为 1149 米，从海面到桥面的高度为 58.5 米，从海面到桥顶的高度为 134 米，万吨巨轮可以从桥下通过。桥面宽 49 米，设有 8

条汽车道，两侧人行道各宽 3 米。

悉尼海港大桥的最大特点是其巨大的钢铁拱架，跨度为 503 米，而且是单孔拱形，在当时可谓是世所罕见。这种设计不仅使得桥梁外观优美，而且在结构上更加稳固。大桥的钢架搭在河岸两个巨大的钢筋水泥桥墩上，桥墩高 12 米，桥墩上还各建有一座花岗岩石塔，塔高 95 米。

除此之外，这座桥由大约 600 万个铆钉固定，最大铆钉重量 3.5 公斤。桥身全部用钢量为 5.28 万吨，用水泥 9.5 万立方米，桥塔、桥墩用花岗石 1.7 万立方米，建桥用油漆 27.2 万升，可见工程之浩大。

悉尼海港大桥

外文名称：Sydney Harbour Bridge
建造年代：1923年
长度：1149米
位置：澳大利亚悉尼市悉尼港

悉尼塔

澳大利亚

悉尼塔是澳大利亚悉尼市中心商务区的最高建筑，位于悉尼海德公园和维多利亚女王大厦之间的马基特街上，与悉尼歌剧院、悉尼海港大桥一起并称为悉尼三大地标性建筑，也是澳大利亚的象征之一。

悉尼塔由建筑师唐纳德·克罗恩设计，始建于 1968 年，最初计划建设为购物中心，直到 1981 年才全部完工。

塔高 305 米，下方起支撑作用的是高 230 米的管状塔身，由 46 根长 5 米、直径 7 米、重 32 吨的管子一节一节衔接而成，外部由 56 根巨大的钢缆与地面建筑相连支撑，每根钢缆重 7 吨，由 235 股 7 毫米的钢丝拧制成，总长度达 170 公里。这样的设计使其能抵抗狂风的袭击，也能抵抗强烈的地震。

悉尼塔塔基有多层结构，第一层到第六层是一座大型的购物中心，有近 300 家大小商店，商品琳琅满目，从时装、皮草、奢侈品到食品、书报杂志应有尽有。塔顶则是一座多层金黄色多功能圆锥体建筑物，其中第一层和第二层是两个旋转

式自助餐厅，各有 200 多个座位，游客可边享受美食边环绕欣赏风景；第三层是观景平台和提供咖啡和简餐的吧台；第四层是带透明玻璃的瞭望台，拥有 360 度的观景视野，同时为游客准备了高倍望远镜，以欣赏悉尼城市和海洋的风光；塔顶层则是提供塔外“天空漫步”的空中走廊。

悉尼塔

外文名称：Sydney Tower
建造年代：1968年
高度：305米
位置：澳大利亚悉尼中心商务区马基特街

布里斯班市政厅

澳大利亚

布里斯班市政厅位于澳大利亚布里斯班市中心的阿尔伯特街，毗邻乔治王广场，曾经是布里斯班市的最高建筑，也是澳大利亚现存最大、最豪华的市政厅。它原是参议会所在地，现主要用于皇家招待会、选美大赛、管弦乐音乐会、公民集会、花卉展览、学校毕业典礼和政治会议等活动。

市政厅由爱德华·威尔斯亲王主持建造，奠基于 1920 年 7 月，落成于 1930 年。建筑由混凝土、砖、钢铁和来自坎普山的花岗岩建造而成，外观呈现出意大利文艺复兴时期风格，形似古罗马的万神庙，左右对称，庄严肃穆。

市政厅正门面对乔治王广场，支撑门楣中心的是 6 根圆润而带有锯齿棱角的科林斯式柱子，柱子的上方有狮子头雕塑，在两侧延伸的是爱奥尼亚式柱子。正门上方是青铜遮阳篷，门也是青铜制的。

主体建筑上方有一个澳大利亚政府耗资 2 亿澳币修复的壮丽的钟塔，其设计基于意大利威尼斯的圣马克钟塔。

塔身高 70 米，距地面 91 米，钟塔分为 4 面，每一面都有一座钟，直径为 4.9 米，时针长 1.7 米，分针长 3.0 米，是澳大利亚最大的钟面。钟每 15 分钟报时一次，声音和敲钟的方式都与英国的威斯敏斯特钟（也就是大本钟）一致。钟塔上有一座观景平台，可供游客观景。

市政厅原是用于容纳议会办事机构，内设有办公室、会议厅、图书馆及接待室，直到 20 世纪 60 年代，它都一直维持着政府建筑的身份。不过，后期市政厅的大厅入口和前办公区被改成了写字楼，同时，新增了屋顶和办事处的地下室。建筑内部装潢简洁而精致，大厅内有大理石楼梯、马赛克镶嵌墙壁和高挑的穹顶。

布里斯班市政厅 

外文名称：Brisbane City Hall
建造年代：1920年
高度：91米
位置：澳大利亚布里斯班市阿尔伯特街

澳大利亚国立美术馆

澳大利亚

澳大利亚国立美术馆位于澳大利亚堪培拉国会大三角的伯利·格里芬湖岸边，周边还有澳大利亚国会大厦、国立肖像馆、国家图书馆、战争纪念馆、文献馆和博物馆等著名建筑。

该美术馆是澳大利亚最著名的艺术画廊及艺术博物馆之一，于 1967 年由澳大利亚总理哈罗德·霍尔特宣布成立，并于 1982 年正式成立并对外开放，在国内外促进和保护澳大利亚艺术和文化方面发挥着重要作用。

美术馆由 11 个分别设在 3 层楼中的主要展馆和 1 个占地约 20 000 平方米的雕塑花园组成，正面堂皇、庄严、凝重，带有鲜明的现代主义建筑风格，精心的设计旨在传达国家文化特质，将雕塑与功能巧妙结合。

馆内部造型独特，主要展厅的墙壁呈曲折的梯形，结构感极强。馆内收藏超过 155 000 件艺术品，包括油画、水彩画、素描、木雕、石雕等装饰性艺术品，以及书籍插图、照片、影片、陶瓷、服饰、纺织品，还有自然艺术、民间艺术和土著艺术等珍贵藏品，具有独特的观赏氛围。

澳大利亚国立美术馆外部的雕塑花园由建筑师哈里·霍华德设计，园内的树木丛中安放着 50 个人物雕像和纪念碑，在绿树和水流的衬托下显得和谐而宁静。

澳大利亚国立美术馆

外文名称：National Gallery of Australia
建造年代：1982年
建筑风格：现代主义
位置：澳大利亚堪培拉国会大三角伯利·格里芬湖岸边

维多利亚国家图书馆

澳大利亚

维多利亚国家图书馆又称维多利亚州立图书馆，位于澳大利亚墨尔本市中心，是澳大利亚最古老的公共图书馆之一，也被誉为全球十大最美图书馆之一。

维多利亚国家图书馆建于 1854 年，距今已有超过 160 年的历史，由著名建筑师约瑟夫·里德设计，期间经过数次翻修，逐渐形成了如今的样貌，是传统与现代设计的融合产物。图书馆的正门、阅览室、展览区、庭院式读书廊、咖啡座等，都流露着不同时代的痕迹。

建筑外表参考了罗马万神庙和希腊帕特农神庙的风格，正门与布里斯班市政厅类似，都是由数根顶部带有狮子雕塑的科林斯式柱支撑，左右两翼延伸出的建筑外立面也有科林斯式柱。外墙是传统的神庙式砖黄色，窗户带有新古典主义风格，展现出肃穆而正式的建筑基调。

图书馆中最为著名的是 1913 年建成的大圆顶主阅览室。主阅览室为对称式圆顶框架结构，顶窗为八边形，支撑框架呈放射形延伸至主梁。其中有 4 个面在整

体上形成了九格窗，另外 4 个面则分布了 3 层阅览平台，上面摆放着书架，并设有通往后方回廊的门。大厅的桌椅摆设遵循中轴对称，中间的多边形桌作为圆心，8 列长桌对称延伸至周围的藏书柜。

如今的维多利亚国家图书馆已经成为了集文化、信息、教育、娱乐、休闲于一体的社会文化活动中心。馆内不仅有宽敞的展览大厅、画廊和陈列室，还有多个会场、报告厅和教室等公共活动场所。同时馆藏范围十分广泛，拥有藏书 200 多万册，图片、地图、手稿等其他文献 100 多万件，另外还藏有 3500 多件珍贵的历史文物。

维多利亚国家图书馆

外文名称：
State Library of Victoria
建造年代：1854年
占地面积：8093平方米
位置：澳大利亚墨尔本市中心

墨尔本圣保罗大教堂

澳大利亚

墨尔本圣保罗大教堂又称墨尔本史旺斯顿街教堂，位于墨尔本市中心斯旺斯顿街和弗林德斯街的东北转角，弗林德斯火车站的对面，是澳大利亚圣公会墨尔本教区的主教座堂，也

墨尔本圣保罗大教堂

外文名称：St Paul's Cathedral
建造年代：1880年
建筑风格：哥特式
位置：澳大利亚墨尔本市中心

是墨尔本的重要地标。

大教堂采用的是哥特式的复古建筑风格，由英国建筑师威廉·巴特菲尔德设计，于 1880 年奠基，1891 年竣工，是墨尔本最早的英国式教堂之一。

1932 年，教堂顶部又加装了 3 根哥特式尖塔，使它看起来更加雄伟。而且由于原有建筑与尖塔颜色的不同，墨尔本圣保罗大教堂的外观呈现出分层的效果，墙壁上有着精细的纹路，十分具有辨识度。

墨尔本圣保罗大教堂的主要建材是青石，内部装饰有彩色玻璃窗、釉面地砖以及各种木制桌椅、祭坛、巨大的管风琴等，拱顶和墙裙的色泽与教堂内的红色装饰融为一体，呈现出庄严高雅的特色。

教堂外竖立有一座雕像，是由墨尔本雕塑家吉伯制作的，以纪念澳大利亚早期移民的探险家——马修 · 弗林德斯。

新西兰著名建筑

新西兰位于太平洋西南部，西隔塔斯曼海与澳大利亚相望，全国由南岛、北岛两个大岛和斯图尔特岛及其附近一些小岛组成。从1350年起，毛利人在新西兰定居。1769年至1777年，英国库克船长先后5次到访新西兰，此后英国开始向新西兰大批移民并宣布占领。1947年，新西兰成为主权国家，但仍属于英联邦成员。

在新西兰的人口构成中，欧洲移民后裔占70%，毛利人占17%，可见新西兰是一个以欧洲裔移民为主的国家。其建筑受到欧洲文化的影响，也逐渐从原始的木质房屋转向了华丽的欧式复古建筑。

新西兰全境多山，山地和丘陵占全国面积的75%以上，平原狭小，森林资源丰富。因此在18世纪欧洲人登陆之前，新西兰地区的毛利人多以传统的茅草屋或木制的尖顶小屋为住所，人们在其中休憩、进食和进行社会交往。

18世纪以后，随着欧洲航海家的登陆和欧洲移民的不断涌入，新西兰的建筑面貌发生了翻天覆地的变化。为了向毛利人展示欧洲文明，欧洲传教士们首先开

◆毛利人茅屋

始了欧洲风格房屋的建造，典型代表有新西兰历史最悠久的欧洲建筑——凯里凯里传教屋。

该建筑由信仰基督教的木工和毛利木工就地取材，以石头和木头为原料建造而成，采用了英国乔治时期的风格。此外，英国第一任驻新西兰政府代表的办公地——怀唐伊条约屋也是这一时期的代表建筑。

为适应新西兰多山、多森林、少平原的地域特性，其后数百年内，新西兰本地和来自欧洲的移民建筑师们发挥奇思妙想，设计出了许多具有当地特色的欧式建筑，比如树屋、城堡等。

进入现代后，新西兰地广人稀的特点使得当地的住宅大多十分宽敞，内部设施齐全。但在城市中，住宅依旧是供不应求，一些密集型公寓楼和写字楼开始建造起来。同时，新西兰的现代化建筑也丝毫不落后于国际水平，绿色可持续建筑成为了当代新西兰建筑的重要特色。

◆拉纳克城堡

天空塔

新西兰

天空塔位于新西兰最大城市奥克兰市中心的维多利亚街及联邦街的交界处，主要用于观光及电台广播。塔高 328 米，是南半球最高的自立式建筑物，也是全球排名第十三位的高塔。

天空塔始建于 1996 年，耗时 2 年 9 个月建成，于 1997 年 3 月 3 日正式开幕。为抵御新西兰高空的强风和可能的地震，天空塔采用了高效的抗震结构和材料，共使用 15 000 立方米的混凝土和 2660 吨的强力钢铁建成，复杂的地基深达 15 米，重达 21 000 吨。即使面对每小时 200 公里的强风吹拂以及 20 公里外的 8 级地震，天空塔也能做到岿然不动。

天空塔简洁的线条、流线型的塔身以及圆润的边角都体现了现代主义的审美，充分利用了当时最先进的建筑技术和材料，如使用玻璃纤维强化塑料制成的装饰条，既减轻了重量，又增加了美观度。同时，天空塔还采用了一系列环保措施，如使用高效的节能照明系统以及雨水收集和再利用系统等。

塔上 190 米处有多层观景台和高倍望远镜，可供游客登高望远。塔内还设有旋转餐厅，每小时旋转 360 度。此外，天空塔还提供会议设施和各种娱乐设施，如议会厅、电影院、游戏室、蹦极设施等。

天空塔

外文名称：Sky Tower
建造年代：1996年
高度：328米
位置：新西兰奥克兰市中心
维多利亚街及联邦街交界处

霍比特村

新西兰

霍比特村又名霍比特屯、哈比人村，是《魔戒》三部曲及《霍比特人》系列电影的拍摄取景地，也是新西兰最热门的旅游景点之一，吸引了来自世界各地的游客前来，感受中土世界的奇幻旅程。

位于新西兰怀卡托地区的玛塔玛塔小镇是一个以奶牛养殖闻名的小镇，至今仍拥有极为纯净、原始且充满生命力的自然风光。白雪皑皑的山峰、晶莹碧透的湖泊和苍翠茂密的原始森林，无一不展示着新西兰地区得天独厚的壮丽景色。

正是这样如世外桃源般的风景吸引了导演彼得·杰克逊，于是从 1999 年开始，大量场景搭建师、景观设计师和房屋建筑师等人参与进来，在玛塔玛塔小镇上修建了一座外景地，并随着时间的推移而不断翻修美化。

剧组在电影开拍前一年就种下了大面积的蔬菜和花圃，并建造了一条长 1.5 公里的道路从小镇通向这里，同时在山坡上挖掘建造了 37 个霍比特洞穴，在湖畔建了一座磨坊和一座横跨河流的双孔拱桥。

艺术大师们在洞穴周边和霍比特村内各处竖起伏牛花篱，栽种树木，并进行

了长期的花园培育工作，使得霍比特村仿佛童话秘境一般美丽、充满自然气息。

在袋底洞上方有一棵巨大的橡树，是剧组从其他农场找到的。他们把橡树分割成段运输到此地，然后重新组装，栽植在袋底洞上方，后来它被命名为宴会树。

霍比特村 

外文名称：Hobbiton
建造年代：1999年
占地面积：约5平方千米
位置：新西兰怀卡托地区玛塔玛塔小镇

拉纳克城堡

新西兰

拉纳克城堡是新西兰唯一的城堡，位于新西兰美丽的奥塔哥半岛，海拔 300 米高的连绵群岭之上，距离但尼丁市中心 12 公里。

拉纳克城堡原是 1871 年商人威廉·拉纳克为他心爱的妻子建造的私人花园城堡，如今已改建为酒店和旅游景点，接待全世界慕名而来的游客。

拉纳克城堡

外文名称：Larnach Castle
建造年代：1871年
占地面积：14万平方米
位置：新西兰奥塔哥半岛但尼丁市

拉纳克城堡是一座结合了新哥特式复兴主义建筑与英国殖民时代建筑风格的城堡，由 200 名工匠耗时 5 年建造外部，3 名英国雕刻师花了 12 年的时间装饰内部，材料取自世界各地。

城堡本身是一座哥特式的雄伟建筑，内部有 43 个房间和一间大舞厅，以及众多豪华家具、精致的雕饰和独具特色的古董藏品等，还有南半球唯一的乔治王时代的悬梯。经过后来的改造，城堡的每一间客房都有其独特的房间主题及色彩风格，从城堡瞭望塔上可以看到奥塔哥半岛、奥塔哥港、太平洋及但尼丁市的美景，俯瞰海港，美不胜收。

城堡外环绕着一座被誉为“世界名园”的大花园，花园为英式园林设计，城堡和花园的总占地面积为 14 公顷，花园内的原生植物小径、岩石园、主园和四季花卉姹紫嫣红，争奇斗艳。庭院中还有 12 间豪华度假屋可提供精品住宿选择，从花园能看到半岛和港湾的惊人景观。

新西兰国会大厦

新西兰

新西兰国会大厦位于新西兰首都惠灵顿市莫尔斯沃思街和兰姆顿大道的交汇处，是新西兰立法机构国会的所在地，始建于 1876 年，占地 4.5 万平方米。国会大厦由 3 座风格各异的建筑组成，分别是爱德华时代的新古典主义国会大厦、维多利亚时代的哥特式议会图书馆和独特的 1970 年代风格的部长行政楼。

由于部长行政楼的外观与蜂箱十分相似，因此它也被称为惠灵顿蜂巢，现在已经成为新西兰的标志性建筑之一。蜂巢于 1969 年至 1979 年间修建，1977 年 2 月，英国女王伊丽莎白二世以新西兰君主身份为蜂巢大厦宴会厅的牌匾揭幕。1979 年，新西兰政府迁入大厦办公。

惠灵顿蜂巢由英国建筑师巴斯・斯彭斯设计，高达 72 米，一共有 14 层，其中地上 10 层，地下 4 层，外立面上格子状密密麻麻的窗户酷似蜂巢。新西兰的总理和各部部长均在蜂巢内办公，地位越高，办公楼层也越高。蜂巢内还有各种多功能厅和餐厅，一层的宴会厅是整个议会建筑群最大的多功能厅，地下室则是全

国国防和民防系统的指挥中心。

蜂巢内部采取了有效的防强地震设计，以适应新西兰多地震的特性。入口处的大厅用大理石铺设地面，墙板是不锈钢丝网，上方是半透明的玻璃天花板，棕色屋顶用 20 吨铜手工拼接而成。

新西兰国会大厦

外文名称：Government Building
建造年代：1876年
占地面积：4.5万平方米
位置：新西兰惠灵顿莫尔斯沃思街和兰姆顿大道交汇处

达尼丁火车站

新西兰

达尼丁火车站位于新西兰达尼丁市的图亚特街，是新西兰南岛最知名的建筑之一，被誉为新西兰建筑皇冠上的一颗明珠。该火车站由建筑师乔治·楚普设计，整体采用佛兰德文艺复兴的建筑风格，建筑边框明显，立体感强，奥塔哥大学与附近的法院也有类似的设计。

达尼丁火车站启用于1906年，使用黑色的科孔加玄武岩建造，以白色的奥马鲁石灰岩为装饰面。粉红色的花岗岩和从马赛运来的陶制屋顶，加上多种形状、纹理和材质融合完美的外立面装饰、广阔的马赛克镶嵌瓷砖地面和绚丽的彩色玻璃窗，为这座建筑增添了华美的外表。因此，达尼丁火车站也有“姜饼屋”的美称，设计师乔治·楚普也由此被称作“姜饼乔治”。

该火车站站台长500米，是新西兰最长的火车站站台。站台上的大门依旧与外部的装饰风格一致，门洞为拱形，边框由白色奥马鲁石灰岩装饰，门上色彩艳丽，边框明显。站台上方挂着一个巨大的时钟，提醒人们火车的到站时间。

自建成通车以来，达尼丁火车站不仅承担了交通运输任务，也成为南岛最著名的旅游景点之一，其宏伟壮观的建筑外观和富丽堂皇的内饰一直为人所赞叹，为当地旅游业创造了不小的业绩。

达尼丁火车站

外文名称：Dunedin Railway Station
建造年代：1906年
长度：500米
位置：新西兰达尼丁市图亚特街

新西兰蒂帕帕国家博物馆

新西兰

新西兰蒂帕帕国家博物馆是新西兰的国家博物馆兼艺术展馆，也是南半球最大的博物馆之一，位于惠灵顿的海滨码头。

该博物馆的前身是殖民博物馆，后来在 1988 年，新西兰政府提出了新博物馆的建立计划。1998 年，一座外观为现代主义风格的新博物馆正式开放。

博物馆的名字在毛利语中的意思是“藏宝盒”，展览主题为新西兰传统文化。馆内关于毛利文化的藏品十分丰富，还有毛利会堂以及太平洋的艺术展品，游客可以在这里了解到新西兰的风土人情及历史故事。

博物馆由 6 层展馆、咖啡馆以及礼品店组成，面积达 3.6 万平方米，有超过 250 万件藏品，涵盖艺术、历史、毛利人文化、太平洋文化和自然历史 5 个领域。其中，一层大厅两旁是博物馆商店和咖啡馆，二层到六层分别展示了地质与生物、地貌的变迁、毛利人的生存与文化、民俗与艺术、户外雕塑阳台等不同主题。

博物馆外立面十分简洁，多用颜色深浅不一致的大理石瓷砖装饰，正门上方是一个折叠式的玻璃屋檐，与新西兰地区古时候毛利人的房屋有异曲同工之妙，凸显了博物馆的展览特色。展馆内的毛利会堂颜色鲜艳，雕刻精致，同样是对毛利人文化的致敬。

新西兰蒂帕帕国家博物馆 

外文名称：
Museum of New Zealand Te Papa Tongarewa
建造年代：1998年
占地面积：3.6万平方米
位置：新西兰首都惠灵顿市卡波大街

基督城大教堂

新西兰

基督城大教堂位于新西兰基督城市中心，是基督城的主要标志和重要建筑之一。大教堂于 1864 年开始动工，直到 1904 年才真正完工，其间经历了 3 次地震。其高达 63 米的哥特式尖塔更是基督城最重要的地标和精神象征，尖塔上的瞭望台可供游客登高，360 度欣赏基督城的美景。此外，尖塔中装设了 12 座钟，可演奏出不同的旋律。

然而遗憾的是，在经历了 2010 年 9 月 4 日的 7.1 级地震和 2011 年 2 月 22 日的 6.3 级地震之后，基督城大教堂遭受了重大损毁，墙面严重开裂，塔顶掉落。由于年代久远，无法用现代材料将其恢复，加上修复比重建将耗费更多的资金，政府经几轮商议后决定拆除大教堂。

不过在 2017 年 9 月 9 日，新西兰政府还是在民众的强烈要求下终于通过了重建大教堂的决议，将这座历史悠久的古建筑复原到人们眼前。

基督城大教堂

外文名称：The Christchurch Cathedral
建造年代：1864年
高度：63米
位置：新西兰基督城市中心

第7章 非洲建筑

非洲是人类的起源地之一，也是人类最早诞生文明的地区之一。古埃及文化普遍影响了非洲的建筑体系，庞大、宏伟、砖石建造的巨型建筑体现了古人类出色的建筑技艺与智慧。同时，国际化进程也使得非洲的现代化建筑逐步发展，与历史遗迹交相辉映。

埃及著名建筑

埃及是世界四大文明古国之一。公元前 3200 年，美尼斯统一了埃及，建立了第一个奴隶制国家。公元前 525 年，埃及成为波斯帝国的一个行省。此后的一千多年间，埃及相继被希腊和罗马征服。1882 年，英军占领后，埃及成为英国的“保护国”。1922 年 2 月 28 日，英国宣布埃及为独立国家。1953 年 6 月 18 日，埃及共和国成立。

埃及最为世人所熟知的建筑，应当是古埃及时代，也就是公元前 3000 年左右到公元前 332 年被希腊人征服为止的这段历史中所留存下来的巨石建筑。古埃及时期的建筑主要分为 5 个时期，分别是早期王国时期、古王国时期、中王国时期、新王国时期，各个时期的建筑分别以金字塔、石窟陵墓、神庙等为代表。

在早期王国时期，古埃及的建造技艺和创造能力还不成熟，加上尼罗河两岸气候炎热、树木稀少，南部多山体岩石，北部多沙漠荒原，因此古埃及早期的建筑多以土坯与芦苇作为主要建筑材料，后期则以石头为主。为避开炎热的气候与灼人的阳光，房屋被做得比较封闭，装饰也比较简单。

古王国时期，埃及帝国形成了越发强大的中央集权的皇帝专制制度，同时产生了强大的祭司阶层。他们认为人死后会复活并从此永生，于是法老与贵族在生

◆埃及金字塔

时就要开始兴建为自己妥善保存躯体的陵墓。古埃及人修建的陵墓外观模仿他们崇拜的雄伟山峰的形状，外形为简练的几何形锥体，即著名的金字塔。埃及现存的七十多座金字塔大部分都是这时期建造的，因此古王国时期又称“金字塔时代”。

中王国时期，新宗教形成，神庙形制的建筑从皇帝的祀庙脱胎而出，法老的陵墓开始不仅限于金字塔，而是依山就势开凿石窟，并利用梁柱结构建造比较开阔的室内空间。

新王国时期，古埃及达到了最强大的时期，神庙取代了劳民伤财的陵墓，成为祭祀神灵之地，同时又是法老的行宫，因此具有宫廷建筑的某些特征。

埃及帝国晚期，埃及国势衰落，北部屡遭亚述、波斯和希腊的入侵，最后被古罗马所吞并。因此这一时期的建筑开始呈现出古罗马、古希腊与古埃及文化与建筑风格的融合，建筑规模不大，但做工精致，雕刻精美。

古埃及时代的没落并不代表埃及建筑技艺的停滞，随着阿拉伯人、土耳其人和英国人的入侵，埃及文化受到了前所未有的冲击，最终逐渐发展出多元文化的融合道路，建筑形式也开始多样化、现代化起来。

◆埃及神庙

吉萨金字塔群

埃及

吉萨金字塔群是一个金字塔建筑群的总称，建造在离当时的埃及首都孟菲斯不远的吉萨，是古埃及金字塔最成熟的代表。

吉萨金字塔群修建于约公元前 2575 年至公元前 2465 年，由古埃及第四王朝的 3 位法老胡夫、哈夫拉和孟卡拉建造，主要包括胡夫金字塔、哈夫拉金字塔、孟卡拉金字塔以及狮身人面像组成，周围还有许多“玛斯塔巴”与小金字塔。

其中最大、保存最完整的 3 座金字塔的排列与猎户座中 3 颗腰带星的排列格局是一样的，而银河和尼罗河的位置分布也保持对称，金字塔互以对角线相接，形成建筑群参差的轮廓。

胡夫金字塔是吉萨金字塔群中最大的，也是埃及发现的 100 余座金字塔中最大的金字塔，又称吉萨大金字塔。塔高 146.59 米，因年久风化，顶端剥落 10 米，现高约 136.5 米，十万多名工匠共用约 20 年的时间才完成这座人类奇迹。在公元 519 年中国永宁寺塔建成之前，胡夫金字塔在数千年内都是世界上最高的建筑物。

胡夫金字塔是古埃及第四王朝的法老胡夫的金字塔，约建于公元前 2580 年，被誉为“世界古代七大奇迹”之一。胡夫大金字塔的 4 个斜面正对东、南、西、北四方，误差度小于 1 度。塔底面呈正方形，底边原长 230 米，由于塔外层石灰石脱落，现在底边缩短为 227 米，倾角为 51° 52′ 。

整个金字塔建筑在一块巨大的凸形岩石上，占地约 52 900 平方米。建造金字塔的石头重达 2.5 吨至 15 吨，总共需要约 230 万块这样的巨石，这使得胡夫金字塔的总重量约为 684 万吨，极为震撼。

除了胡夫金字塔本身的宏伟之外，其周身数据中蕴含的在那个时代显得极为超前的天文与数学含义更令人惊异。比如，金字塔每面三角形的面积等于其高度的平方；塔高与塔基周长的比是地球半径与周长之比，因而用两倍的塔高除以底边可求得圆周率；塔高乘以 10 亿约等于地球与太阳之间的平均距离；塔身的自重乘以 10^{15} 约等于地球的自重；

吉萨金字塔群

外文名称：The Great Pyramid of Giza
建造年代：约公元前2575年至公元前2465年
高度：136.5米
位置：埃及尼罗河三角洲吉萨

地球的子午线正好从金字塔的中心通过；金字塔的两条对角线的和为25 826.6厘米，是两极轴心正好转一圈的年数；金字塔内部有4条坑道，这4条坑道的方向对应穿过子午线的4颗恒星等……

吉萨金字塔群中的孟卡拉金字塔是公元前2000年左右为孟卡拉国王建造的陵墓，也是埃及已知的唯一一座用花岗岩石块建造外壳的金字塔。塔高65.5米，斜率51° 20′ 25″，底边长108米，实际体积仅胡夫金字塔的十分之一。

吉萨金字塔群中的哈夫拉金字塔是埃及第四王朝法老哈夫拉建造的金字塔，原高146.5米，因顶端剥落，现高约136.5米。塔身由230万块巨石组成，底面呈正方形，原边长约230多米，与胡夫金字塔十分相似，不过其塔壁倾斜度为52° 20′，比胡夫金字塔更陡。

哈夫拉金字塔内部有两处墓室和两个北坡入口，其中一个入口约位于15米高处，另一个在它下方。从上面的入口顺着甬道进入塔内可以直达墓室，墓室东西

边长 14.2 米，南北宽 5 米，高 6.8 米。此外，塔前设有祭庙，庙前长长的堤道通向另一座河谷的神庙和狮身人面像。

在哈夫拉金字塔前方的狮身人面像是吉萨金字塔群的又一代表性建筑，又名斯芬克斯狮身人面像。斯芬克斯源于古埃及的神话，是一种长有翅膀的怪物，通常为雄性，象征仁慈和高贵。吉萨金字塔群中的这一座是世界上最大最著名的斯芬克斯狮身人面像，是守护哈扶拉金字塔的守护神。

狮身人面像高 20 米，加上前爪全长 72 米，面部长约 5 米，宽 4.7 米，鼻子长 1.71 米，嘴大 2.3 米，高 1.93 米。它头戴奈姆斯皇冠，两耳侧有扇状的那姆斯头巾下垂，前额上刻着眼镜蛇浮雕，下颌有帝王的标志——下垂的长须，脖子上围着项圈，身体上有着鹰羽图案装饰。可惜的是，狮身人面像的鼻子在历史上被不明原因损毁，导致雕像面部有些许不协调，但依旧无损其历史价值和代表意义。

卡纳克神庙

埃及

卡纳克神庙位于埃及城市卢克索北部，是埃及中王国及新王国时期建造的一座祭祀太阳神阿蒙的神庙，也是古埃及最大的神庙。神庙内有大小 20 余座神殿、134 根巨型石柱、狮身公羊石像等古迹，神庙的柱上、墙上、神像基座上都雕刻有大量优美的图案和象形文字，气势宏伟。

卡纳克神庙始建于中王国时期，在新王国时期埃及第十八王朝时大加扩建，埃及第十九王朝、埃及第二十王朝又续有增修，直至希腊人统治结束。神庙平面呈梯形，主殿按东西轴向布置，先后重叠门楼 6 座，又从中心向南分支，另列门楼 4 座。

卡纳克神庙中最主要的供奉之处是柱厅，厅长 366 米，宽 110 米，面积约 5000 平方米，有 6 道大厅，134 根石柱，分成 16 排。中央两排的柱子最为高大，直径达 3.57 米，高 21 米，上面承托着长 9.21 米，重达 65 吨的大梁。其他柱子的直径为 2.74 米，高 12.8 米。

神庙门前是一条著名的狮身公羊甬道，左右两边有着数十座狮身公羊头像石雕，这是阿蒙神的化身，每只公羊头像下都站立着一个小小的法老，以示接受神的庇佑。

神庙里树立着古埃及第十九王朝法老拉美西斯二世的站立像，以歌颂他在战争中的功绩。神庙内有一座方尖碑，是世界上第一位女王哈特谢普苏特女王所立，碑身全高 29 米，重 323 吨，是现在埃及境内最高的方尖碑。

卡纳克神庙 

外文名称：Temple of Karnak
建造年代：埃及中王国时期
占地面积：18万平方米
位置：埃及卢克索北部

阿布辛贝神庙

阿布辛贝神庙位于埃及阿斯旺以南290千米处，坐落在纳赛尔湖西岸，由依崖凿建的牌楼门、巨型拉美西斯二世摩崖雕像、前后柱厅及神堂等组成。

阿布辛贝神庙主要用于祭祀拉美西斯二世、太阳神以及普塔赫神、拉·哈拉赫梯神等诸神，同时向埃及南面的努比亚宣示国威，在该地区巩固埃及宗教的地位，彰显古埃及时期法老至高无上的权力。

阿布辛贝神庙 

外文名称：Abu Simbel Temple
建造年代：公元前1300年到公元前1233年
建造者：拉美西斯二世法老
位置：埃及阿斯旺以南290千米处

神庙建于公元前 1300 年到公元前 1233 年，是一座在尼罗河西岸粉红色砂岩悬崖的山体上用人工劈凿出的大型岩窟神庙。庙高 30 米，宽 36 米，纵深 60 米，每年到春分和秋分这两天，阳光会直接照进洞窟内最深处。后来因为阿斯旺水坝的兴建，神庙被切割并上移 200 公尺，现在阳光照进的时间已有偏差。

神庙入口处列有 4 尊拉美西斯二世坐像（其中有一尊破损），每尊坐像高 20 多米，重 1200 余吨，旁边还精心策划且有序散落着其母、妻、子女的小雕像，门口上的小立像是太阳神。

神庙内部还有第二道石门，左右两排是柱廊大厅，大量石柱支撑着洞顶的压力，身着盔甲的勇士雕像整齐对称分立在石柱旁。大厅四周刻满壁画，记述着拉美西斯二世远征古努比亚的卓著战功。

神庙内有一个大列柱室，由 8 座高达 10 米的拉美西斯二世立像构成。大厅尽头是一间小石室，内并排列有 4 尊石像，从左至右分别是普塔赫神、阿蒙·拉神、拉美西斯二世和拉·哈拉赫梯神。

卢克索神庙

埃及

卢克索神庙位于卡纳克阿蒙神庙以南 3 公里处，同属于卢克索遗址的一部分，其规模虽比卡纳克神庙略小，但其名望和声誉不亚于卡纳克神庙，体现了新王国时期的神庙建筑风格。如今，卢克索阿蒙神庙已被列为埃及最著名的古迹之一。

卢克索神庙是古埃及第十八王朝的第十九位法老艾米诺菲斯三世为祭奉太阳神阿蒙、他的妃子及儿子月亮神而修建的。在十九王朝时，经拉美西斯二世扩建，后又经历了新王朝与古埃及的衰败，最终形成现今留存下来的规模。这是一座复杂的、结构整齐的建筑群，它集中体现了埃及各个历史时期的时代特征，记录了各个时期统治者的活动。

卢克索神庙

外文名称：Luxor Temple
建造年代：公元前14世纪
占地面积：31万平方米
位置：埃及卡纳克神庙以南3公里处

神庙整体建筑布局呈长方形，由北向南坐落于尼罗河畔，长 262 米，宽 56 米，由塔门、庭院、柱厅和诸神殿构成。神庙外部有一条两旁蹲坐着上百个狮身人面像的大道，这条大道连接着卢克索神庙与3千米外的卡纳克神庙。神庙两个塔门中的大塔门位于外部，建于 2000 多

年前希腊人统治时期的托勒密王朝，塔墙厚约 15 米，高约 46 米，宽 113 米。另一座历史更为悠久的塔门建于 3000 多年前，塔门的石头上刻有艾米诺菲斯三世法老和图坦卡蒙国王的名字，塔门两旁各耸立着一尊拉美西斯二世的雕像。

卢克索神庙中有大量的柱廊建筑，在神庙的 9 个殿堂中，有 41 根圆柱，前厅有 64 根圆柱，中心柱廊有 14 根圆柱，共 151 根，显得异常雄伟壮观。

卢克索神庙前有两座花岗石方尖碑，其中一座于 18 世纪运到法国，现在矗立在巴黎的协和广场上。

帝王谷

埃及

帝王谷是古埃及新王朝时期第 18 到第 20 王朝的法老和贵族的主要陵墓区，位于埃及开罗以南 700 公里处的尼罗河西岸，坐落在离古埃及底比斯遗址不远处的一片荒无人烟的石灰岩峡谷中。

几个世纪以来，法老们在尼罗河西岸的这些峭壁上开凿墓室，建造出了一处雄伟的墓葬群，用来安放他们的遗体。帝王谷分为东谷和西谷，大多数重要的陵墓位于东谷，而西谷只存在 4 个已知的陵墓和几个窖藏。

谷中一共有 60 多座帝王陵墓，埋葬着埃及第 17 王朝到第 20 王朝期间的 64 位法老，如图特摩斯三世、阿蒙霍特普二世、塞提一世、拉美西斯二世等古埃及著名的法老。

墓穴入口多开在半山腰，有细小通道通向墓穴深处，通道两壁的图案和象形文字仍十分清晰。墓室里堆放着各种随葬品，包括雕像、战车、太阳船、珠宝、武器、饰物、家具、绘图等，丰盛的陪葬品保证了帝王们在永生的世界中能够继续享受他们生前的待遇。谷中最大的一座陵墓是古埃及第 19 王朝塞提一世之墓，从入口

到最后的墓室，纵深达 210 米，垂直下降的距离是 45 米，巨大的岩石洞被挖掘并修建成为地下宫殿，墙壁和天花板布满壁画。

帝王谷附近也有贵族和法老的妃子、子女的陵墓，即王后谷。王后谷位于岩石山的西边，谷内有 70 多座王后、王妃、王子和公主的墓。其中最著名的是建在峭壁北端的哈特谢普苏特墓——埃及第一位女王的陵墓，建筑为叠升的 3 层，中央以平缓的梯道连接，最上层柱廊的后面是殿堂本部，内殿凿于山崖之中。正面柱廊为方形柱，上层侧廊为刻有凹槽的圆柱，各种廊墙面皆有彩色壁画。

帝王谷

外文名称：Valley of the Kings
建造年代：约公元前1545年到公元前1515年
占地面积：1平方公里
位置：埃及开罗以南700公里

埃德夫神庙

埃及

埃德夫神庙又称荷鲁斯神庙，位于尼罗河西岸城市埃德夫，地处阿斯旺以北123公里，卢克索以南约140公里处。

由于埃德夫神庙地处高地，不受河水泛滥的威胁，又经罗马帝国狄奥多西一世于公元391年颁令严禁封建崇拜后一直被弃置，长期埋在12米的沙土下，因此它是古埃及继卡纳克神庙之后最大，也是保存得最完好的神庙。

埃德夫神庙是在托勒密王朝期间兴建的，始于公元前237年，完成于公元前57年，里面供奉着鹰头人身的天空之神荷鲁斯。同时还会进行模仿荷鲁斯伴侣哈索尔到访的仪式、为法老进行加冕典礼以及扮演荷鲁斯出世的宗教祭祀活动等。

神庙内部面积约为780平方米，从塔门至北面尽头的墙壁长度超过45米。神庙塔门高36米，入口处两侧置有以黑色花岗岩雕成的荷鲁斯鹰像，塔门上有4个供插旗的凹槽。

塔门墙身刻着托勒密十二世在鹰首人身的荷鲁斯及女神哈索尔面前打败敌人

的壁画。进入神庙内后，左右及正面的厅柱具有希腊式的风格。

在进入外柱厅的入口两旁亦有两座荷鲁斯鹰像，左边的那尊比较完整，而右边的那尊下半截则损毁严重。外柱厅是摆放供品的地方，墙上雕刻的是托勒密九世崇拜荷鲁斯的画面，内柱厅内有一些用来储存祭品的储物室，墙上是托勒密王朝时期举行宗教仪式的壁画。

位于圣殿后的圣所放有荷鲁斯圣船的复制品，围绕着圣殿的十间圣所则是用来供奉其他神明的。神庙的内柱厅右边有楼梯通往庙顶，楼梯的墙壁上刻有新年庆祝时，人们把荷鲁斯神像抬上屋顶吸收太阳能量的情景。

埃德夫神庙

外文名称：Temple of Edfu
建造年代：公元前237年到公元前57年
占地面积：2.2万平方米
位置：埃及尼罗河西岸埃德夫

卡特巴城堡

埃及

卡特巴城堡修建于 1480 年，是为了抵御土耳其人的入侵，加强亚历山大城的海防而修建的，是当时整个埃及甚至整个地中海沿岸最坚固的防御工事之一。城堡为米黄色石砌堡垒，是一所典型的阿拉伯建筑，外墙呈长方形，主体呈四方形，每个角都有一个圆柱形的炮楼，造型优美，气势巍峨。

不过，卡特巴城堡最为出名之处，还是其前身为世界七大奇迹之一的亚历山大灯塔。灯塔建于公元前 280 年，塔高约 135 米，是世界公认的古代七大奇观之一。

公元前 280 年，当时的埃及国王托勒密二世下令在最大港口的入口处修建导航灯塔。塔楼由 3 层组成，第一层是正方形结构，高 60 米，里面有 300 多个大小不等的房间和洞孔，用作燃料库、机房和工作人员的寝室；第二层是八角形结构，高 30 米；第三层是圆形结构，上面用 8 米高的 8 根石柱围绕支撑着圆顶灯楼，灯楼上矗立着 7 米高的海神波塞冬的青铜雕像。

可惜的是，经过数次地震，亚历山大灯塔已经于 1435 年完全毁坏，现在的卡特巴城堡是在其遗址上修建起来的。在奥斯曼帝国侵占埃及之后，卡特巴城堡得

到了同样的重视和维护，变成了一座驻兵城堡。

公元 1805 年，埃及统治者将城堡再次修缮，并配备了大量当时极为先进的武器。1882 年 7 月 12 日，英国人对亚历山大城进行了炮击，城堡的北门和西门被严重摧毁。1952 年大革命之后，埃及把城堡改造成了航海博物馆，展示一万年前从草船开始的埃及造船和航海史。

卡特巴城堡 

外文名称：Citadel of Qaitbay
建造年代：1480年
占地面积：2万平方米
位置：埃及亚历山大法罗斯岛

穆罕默德·阿里清真寺

埃及

穆罕默德·阿里清真寺又称雪花清真寺，位于开罗旧城萨拉丁城堡内，是一座模仿伊斯坦布尔奥斯曼帝国清真寺的样式建造的寺庙，带有浓厚的阿拔斯王朝时期土耳其建筑风格。寺内葬有奥斯曼帝国统治时期的埃及总督穆罕默德·阿里，清真寺也以因得名。

清真寺由希腊建筑师设计，于1830年开始兴建，历经27年，到1857年完成，采用土耳其式多层的圆形大拱顶结构，搭配细长的宣礼塔，外观巍峨雄伟，是东方伊斯兰建筑艺术与欧洲建筑艺术的完美结合。

清真寺正面刻有阿拉伯文铭文、《古兰经》文和伊斯兰教四大哈里发——艾布·伯克尔、欧麦尔、奥斯曼和阿里的名字。中央的礼拜殿呈正方形，上有高耸的圆顶为殿中心，屋顶高约52米，直径21米，四面环有4个半圆殿与正殿相应，墙内外层均以黄色雪花石膏覆盖。对角线上两座宣礼塔塔尖离地面85米，直刺云霄，是开罗的标志之一。

清真寺西侧正中有一个盥洗室，四面有 4 根铁链环绕，外墙壁则是用雪花石瓷砖镶嵌，雪花清真寺的名称也是由此而来。寺内钟塔内的吊钟是法国国王路易·菲利普赠送给穆罕默德·阿里的礼物。

清真寺内装潢精致豪华，有着许多大型的枝形吊灯、玻璃球灯以及反射着灯光的石英玻璃，照得大厅内熠熠生辉，恢弘大气。

穆罕默德·阿里清真寺

外文名称：Mosque of Muhammad Ali
建造年代：1830年
高度：85米
位置：埃及开罗旧城萨拉丁城堡内

埃及国家博物馆

埃及

埃及国家博物馆是世界上最著名、规模最大的收藏古埃及文物的博物馆之一，位于埃及首都开罗的解放广场上，珍藏着众多自古埃及法老时代至公元 6 世纪的历史文物，有法老博物馆之称。

埃及国家博物馆由被称为“埃及博物馆之父”的法国著名考古学家玛利埃特设计建造，竣工于 1881 年，于 1902 年正式对外开放，目的是阻止发掘出来的埃及国宝流往国外。博物馆中收藏的各种文物有 30 多万件，陈列展出的约 6.3 万件，涵盖了埃及的史前时代到远古、中古到帝国时代的文物，同时也有希腊和罗马的珍贵艺术品。

博物馆本身是一座古老而豪华的砖红色双层石头建筑物，呈现新古典主义风格。建筑前面的庭院内种植有代表古代上埃及的“莲叶”和代表下埃及的世界上最古老的造纸材料——纸莎草。建筑大门的外廓是一个圆形拱门，拱门两侧的壁龛中各有一个将法老形象欧式化的浮雕，其中一个持有纸莎草，另一个持有莲花，同样是古埃及南方与北方的象征。

建筑内部有高大宽敞的中庭，通过天花板上镶嵌的漫射玻璃和二楼的窗户采光，中庭里仿照古埃及神庙中的情形安置着巨大的神像。

博物馆的 100 余个展馆和 1 个大型图书馆分布在博物馆的上下两层。一层按年代的顺序陈列，展出从古王国时期到公元 5、6 世纪罗马统治时期的文物，展现了古埃及劳动人民的智慧、文明和生活面貌。

二楼是专题陈列室，陈列的文物来自埃及的最后两个王朝，有棺木室、木乃伊室、珠宝室、绘画室、随葬品室、史前遗物室、图坦卡蒙室、纸草文书室等。其中来自图坦卡蒙墓展厅的黄金面具、人形金棺、黄金御座等珍贵文物，堪称博物馆的镇馆之宝。

古埃及国王和王后的十几具木乃伊在二层的法老木乃伊展厅展出，其中有一个名为“战争与和平展览室”的木乃伊陈列室，里面存放有古埃及第十九王朝法老拉美西斯二世的遗体。

埃及国家博物馆 

外文名称：
Museum of Egyptian Antiquities
建造年代：1858年
占地面积：1万平方米
位置：埃及开罗解放广场

新亚历山大图书馆

埃及

新亚历山大图书馆位于埃及亚历山大市海滨大道旁，专门收藏埃及的古代珍贵手稿和世界各地的著名图书，包括大量珍贵图书、典籍、手稿、书画和影像制品等。这其中还包括中国捐赠的如《中国通史》《中国药物大全》《二十四史》等极有收藏价值的书籍。这座图书馆是世界上最大的图书馆之一，被埃及人称为“埃及了解世界的窗口，世界了解埃及的窗口”。

新亚历山大图书馆虽然建于 2002 年，但它的历史背景可追溯到公元前 3 世纪，世界上最古老的图书馆之一——亚历山大图书馆。

亚历山大图书馆始建于托勒密一世，盛于托勒密二世、托勒密三世，拥有当时最丰富的古籍收藏，如古希腊数学家欧几里得的真迹原件、古希腊著名诗人荷

马的全部诗稿、古希腊天文学家阿里斯塔克的关于日心说的理论著作、古希腊哲学家亚里士多德和学者阿基米德的著作手迹等。它曾经同亚历山大灯塔一样，是人类文明的光辉象征之一，可惜后来毁于战火。

现在的新亚历山大图书馆是在原有图书馆的旧址上修建的，是一座集古典与现代、东方与西方于一体的现代化建筑。图书馆正面的石头墙上手工凿刻了大量的阿拉伯文字、图案、音乐、数学符号以及世界各种文化的文字符号等，具有厚重的历史感。

新亚历山大图书馆的另一个特色是它的屋顶设计，外观呈现为圆形的屋顶向地中海倾斜，采用钢架玻璃结构，下方用大量圆柱支撑。柱顶的四棱透镜使透入的光线弥散，随日光的移动而不断变化，使馆内宽敞明亮。图书馆的内部采用开放式的设计，读者可以自由地浏览和阅读。此外，图书馆还设有多个阅览室，为读者提供了舒适的阅读环境。

新亚历山大图书馆

外文名称：Bibliotheca Alexandrina
建造年代：2002年
占地面积：4万平方米
位置：埃及亚历山大市海滨大道旁

南非著名建筑

南非位于非洲大陆最南端，是非洲第二大经济体，属于中等收入的发展中国家，同时也是非洲经济最发达、工业化水平最高的国家。南非的东、南、西三面被印度洋和大西洋所环抱，地理位置十分重要。其西南端的好望角航线历来是世界上最繁忙的海上通道之一，有“西方海上生命线”之称。同时，南非是世界五大矿产资源国之一，因此在大航海时代，南非成为了当时欧洲航海大国的必争之地。

南非地区最早的土著居民是桑人、科伊人及后来南迁的班图人。17 世纪后，荷兰人、英国人相继入侵南非并不断将殖民地向内地推进。1910 年，南非成为英国自治领地。1961 年，南非退出英联邦，成立南非共和国。

自 17 世纪以来，对南非建筑发展影响最大的非自然因素是欧洲移民的涌入、采矿产业的兴起和种族隔离制度的出现。南非殖民历史的复杂性也决定了这个国家建筑风格的混杂性。

◆南非原始民居

17 世纪是南非建筑发展的分水岭，在此以前的南非建筑多是采用当地建材建造的原始部落民居。为适应全国大部分地区的热带草原气候，南非原始民居多以厚厚的石墙为外壁，屋顶加盖茅草，顶部或呈尖锥形或呈圆弧形，具有隔热、防雨等多项功能。

欧洲移民到来之后，南非的建筑开始如其他的殖民国家一样欧化，比较著名的有开普荷兰式建筑、维多利亚式建筑和砂岩建筑等。

开普荷兰式建筑的特点是白色的墙壁、斜面屋顶、门口和角落精美的装饰、长形的庭院和房间，在南非南部的开普敦、西开普省和盛产葡萄酒的地区很常见，是荷兰文化影响下的产物。

维多利亚式建筑是从英国传来的一种建筑风格，与南非地区的气候结合起来，形成了一种小窗户、大走廊式的格局，冬暖夏凉，能够更好地适应环境。

◆开普荷兰式建筑

开普敦议会大厦

 南非

开普敦是南非第二大城市，也是南非的立法首都，因其美丽的自然和地理环境而被称为世界上最美丽的城市之一。

同时，开普敦是 17 世纪以来欧裔白人在南非建立的第一座城市，三百余年来这里数度易主，历经荷、英、德、法等欧洲诸国的统治及殖民。因此，尽管开普敦位于非洲，但市内却充满了多元

开普敦议会大厦 

外文名称：Houses of Parliament
建造年代：1884年
建筑风格：维多利亚式
位置：南非开普敦市

的欧洲殖民地文化色彩，有许多殖民时代的古老建筑。

南非开普敦议会大厦就是开普敦市区内最著名的建筑物之一，采用维多利亚风格结构，由建筑师查尔斯·弗里曼设计，由多部分组成，包括建于 1884 年的旧议会大楼以及 20 世纪 80 年代新建的国民议会大厦等。

自 1910 年，南非联邦议会首次在开普敦议会大厦开幕以来，这座建筑就一直是南非国家议会的所在地。大楼外立面漆色为红白两色，外观呈现出欧洲新古典主义建筑风格，大门是传统的罗马式柱廊，由多根圆柱支撑着上方的三角形门楣，庄严肃穆，是很多国家的议会大厦会选择的样式。

议会大厦背后还有一条开普敦市内最美的街——政府街，政府街的两边分列着诺贝尔和平奖得主图图大主教曾经供职的格鲁特威教堂、有着 40 万册藏书的南非公共图书馆、名为“图恩屋斯”的南非总统府大楼、南非国家美术馆、犹太人博物馆和南非博物馆。

开普敦新教堂

南非

南非开普敦新教堂由来自伦敦的 Steyn Studio 工作室设计，坐落在开普敦城外风景如画的 Bosjes 葡萄园内，被誉为“上帝的羽翼”。

教堂完工于 2016 年，并于 2017 年向公众开放。其设计独特而优雅，白色波浪形外观与周边山脉相呼应，屋顶由一个纤薄的混凝土外壳构成，每个波浪形轮廓正好连接着地面，以作承重。在每个波浪形屋顶顶端的窗口中央，都连着十字架装饰的玻璃外墙。

教堂前方有一座水池和连接道路与建筑大门的小桥，设计精炼简洁，使建筑结构的表面给人一种失重和漂浮的错觉。优雅起伏的白色波浪形外观呈现出对称而均衡的完美构图以及舒缓蜿蜒的视觉效果，开放式的建筑设计也体现了教会的观念，仿佛上帝的羽翼漂浮在山谷之中。

建筑的其他附属功能巧妙地隐藏在底座内，或分散在周围花园的角落，保持了建筑及空间的简洁。

教堂室内采用简单的矩形平面，玻璃外墙透进明亮的光线，反射着水池显得波光粼粼，创建了宽敞且开放的空间。抛光的水磨石地板内部反光，起伏的白色天花板随光线投射出一系列阴影，创造出优美的光影效果。

开普敦新教堂

外文名称：Bosjes Chapel
建造年代：2016年
占地面积：420平方米
位置：南非开普敦城外Bosjes葡萄园

好望堡

南非

好望堡是南非最古老的殖民建筑，见证了这个国家350多年的动荡历史。现在，好望堡已成为开普敦的著名旅游景点，堡内设有城堡军事博物馆、传统开普兵团的仪式殿堂等设施。

荷兰殖民者占领开普敦后，欲将开普敦变成来往于荷兰和荷属东印度群岛商船的补给站。为抵御英军以及统治荷兰人在开普敦的殖民地，荷兰东印度公司准备在开普敦附近修建一座用石头建造的永久性堡垒，这就是建于1666年，到1679年才完工的好望堡，后来成为了原荷兰东印度公司总督的官邸。

好望堡是在一座1654年用泥巴和木头建造的古堡的基础上建成的，除了两个双层堡外，古堡的其他部分均被好望堡所替代。建成之后，城堡的五个角上分别有5座堡垒，由国王威廉二世奥兰治管理。城墙上有威力强大的大炮来加强防御，其临海一侧的墙壁超过30英尺高，而朝向陆地的几面墙壁更高，明显是为了防御目的而建造的。

好望堡 

外文名称：Castle of Good Hope
建造年代：1666年
建造者：荷兰东印度公司
位置：南非开普敦海岸

好望堡内有教堂、面包店、不同功能的车间、居住区、商店和监狱以及其他很多设施。城堡的墙壁整体用黄漆涂刷，目的是减少热效应，避免强烈的光照。

庞特塔

南非

庞特塔，也称庞特城市公寓，是一栋位于南非约翰内斯堡市希尔布罗夫的住宅大厦，建成于 1975 年，高达 173 米，是非洲最高的住宅大厦，也是约翰内斯堡第二高的摩天大楼。

大厦共有 54 层，外观为圆柱形，中间也有一个圆柱形的巨型天井，被称为“中心”。开放式的设计目的是让更多的光线进入公寓。大厦楼顶的广告牌是南半球最大的广告牌。庞特塔在建设时被认为选址非常理想，可以俯瞰整个约翰内斯堡市及周边地区，可惜后来该区域逐渐衰败，庞特塔也逐渐荒废下来，甚至被称为“垂直贫民窟”。

不过，因为这座建筑的设计理念即使在现在看来也十分超前和现代化，巨大的天井在密集的窗户包围下充满科幻色彩，所以它后来成为了很多末日电影的首选拍摄场地和灵感来源，《生化危机：终章》《新特警判官》《第九区》等电影中都有庞特塔的身影。

后来，有一个集团接手这座荒废的建筑，开始对大楼进行复原。经过数年时间，54 层的大楼被翻新，重新安装了 8 部电梯，并被改造成酒店公寓进行出租。

庞特塔

外文名称：Ponte Tower
建造年代：1975年
高度：173米
位置：南非约翰内斯堡市希尔布罗夫

南非先民纪念馆

南非

南非先民纪念馆，又称南非先民博物馆、沃特勒克斯纪念碑，位于南非比勒陀利亚城市南部入口处的一座小山上，是南非最大的纪念馆，为了纪念早期冒险进入南部非洲内地的先驱们。

南非先民纪念馆 

外文名称：Voortrekker Monument
建造年代：1949年
高度：41米
位置：南非比勒陀利亚市郊

先民纪念馆自 1949 年建立至今获得了无数的奖项，并在 2006 年荣获非洲最佳博物馆的称号。

纪念馆由著名建筑师 Gerard Moerdijk 设计，外观雄伟稳重，呈四方形，建筑高度 40 米，有非常厚重的雕塑感。建筑物的四角有 4 座与整个建筑融为一体的人物雕塑，分别代表 4 位沃特勒克斯的领袖，全部由灰白色花岗岩刻制而成。主体建筑之前有一组被称为“母与子”的青铜雕塑，主要是表现在布尔战争中妇女和儿童发挥的极为重要和独特的作用。外侧正前方雕刻有一个巨大的非洲水牛头，寓意保护纪念碑免受外来人的侵害。

纪念馆的大厅里竖立着一根 92 米的大理石柱，上面刻画着一幅幅图画，描绘了南非先辈大迁移的具体场景。建筑物上方为一个大大的穹顶，穹顶上有一个孔，每年的 12 月 16 日 12 点，阳光会直接通过这个孔照射到建筑物底层的墓碑上，象征上帝对沃特勒克斯人的祝福。除此以外，先民纪念馆里还包括展览厅、世界著名的纪念礼塔等。

埃塞俄比亚著名建筑

埃塞俄比亚位于非洲东北部，是一个有着3000年文明历史的古国。公元前8世纪，努比亚王国建立。公元前后，阿克苏姆王国建立。16世纪到19世纪，葡萄牙、奥斯曼帝国、英国、意大利、苏丹等国家的军队相继入侵。1896年，埃塞俄比亚大败意军，迫使意大利承认埃塞俄比亚的独立，但在1936年再度失守，被意大利占领全境。1941年，盟军击败意大利，1994年8月22日，埃塞俄比亚联邦民主共和国成立。

在埃塞俄比亚的历史中，欧洲殖民主义的影响并不显著，占据主导的还是本国的封建帝制，因此埃塞俄比亚的建筑保留了很多原有的历史特性。许多以当地岩石或木材建造的建筑留存至今，记录并延续着这个古老国家的传统文化。著名历史遗迹有拉利贝拉岩石教堂、阿克苏姆考古遗址等。

不过，世界现代化进程也在改变着埃塞俄比亚的传统建筑，一些适应时代发展的建筑逐渐出现在城市中，如商业银行新总部大楼、非洲大厦等。

◆法西尔盖比城堡

◆拉利贝拉岩石教堂

法西尔盖比城堡

埃塞俄比亚

法西尔盖比城堡位于埃塞俄比亚贡德尔行政区北部的贡德尔遗址中，是一个古城堡，也被称为法西利达斯宫殿。宫殿周围环绕着长达 900 米的城墙，城内有防御工事、44 座瑰丽的教堂、修道院和独特的公共及私用楼宅等，体现了埃塞俄比亚传统的建筑工艺。

17 世纪中叶，埃塞俄比亚皇帝法西利达斯定都于贡德尔，并在此建造了法西尔盖比城堡。贡德尔城内的古宫殿建筑群是埃塞俄比亚古代阿克苏姆王国传统建筑的典型代表，曾经是几代皇帝的宅邸，包括约翰尼斯一世、亚苏大帝、大卫三世、巴卡法及英皇后美德雅布等。

法西尔盖比城堡

外文名称：Fasil Ghebbi
建造年代：公元17世纪中叶
海拔高度：2121米
位置：埃塞俄比亚贡德尔行政区北部

同时，城市里的建筑也巧妙地将地方传统与欧洲及阿拉伯造型艺术融为一体，体现在城堡四周坚固的防御工事、正面的锯齿状花边以及穹顶角楼上。

拉利贝拉岩石教堂

埃塞俄比亚

拉利贝拉岩石教堂位于埃塞俄比亚亚的斯亚贝巴拉利贝拉镇，始建于公元 12 世纪后期拉利贝拉国王统治时期，有“非洲奇迹”之称，是埃塞俄比亚人的圣地。

拉利贝拉岩石教堂起源于一个传说，埃塞俄比亚第七代国王拉利贝拉在梦中得到神谕：“在埃塞俄比亚造一座新的耶路撒冷城，并要求用一整块岩石建造教堂。”于是拉利贝拉在埃塞俄比亚北部海拔 2600 米的岩石高原上动用了 5000 名工人，花了 30 年的时间凿出了 11 座岩石教堂。

这些教堂坐落在岩石的巨大深坑中，精雕细琢的教堂如同庞大的雕塑，从形成拉斯塔高原的大片红色火山石灰岩上开凿而成，外观造型惊人，内部装修独特，是 12 和 13 世纪基督教文明在埃塞俄比亚繁荣发展的非凡产物。

这 11 座岩石教堂彼此间由地道和回廊连为一个整体，其中 4 座是在整块石头上开凿的，其余的要小些，要么用半块石头凿成，要么开凿在地下，用雕刻在岩

石上的立面向信徒标示其位置。每座教堂占地面积从几十到几百平方米不等，高度在 10 米左右，大多坐落在岩石的巨大深坑中，几乎没有高出地平面。

其中最大的教堂叫“梅德哈尼阿莱姆”，意为救世主教堂，它由一块长 33 米、宽 23.7 米、高 11.5 米的红岩凿成，面积达 782 平方米，是埃塞俄比亚唯一一个有 5 个中殿的教堂。长方形的廊柱大厅由 28 根石柱支撑，屋顶为赫克苏姆式尖顶，窗棂是阿克苏姆的石碑式棂格。

此外，还有一座引人注目的教堂——圣乔治教堂，构成教堂的整块巨型岩石被雕凿成正十字形，平面的屋顶上也雕刻了一个巨大的十字架，坐落在一个很深的岩石坑内，一个地下通道连接着它的入口。从空中俯瞰，圣乔治教堂犹如一个巨大的十字架矗立于大地上。

拉利贝拉岩石教堂 

外文名称：Rock–Hewn Churches,Lalibela
建造年代：公元12世纪后期
高度：11.5米
位置：埃塞俄比亚的斯亚贝巴拉利贝拉镇

阿克苏姆考古遗址

埃塞俄比亚

阿克苏姆考古遗址又称阿克苏姆王国遗址，位于埃塞俄比亚北部的提格雷地区，海拔 2135 米。大约在公元 1 世纪，阿克苏姆王国在此建立并定都。公元 4 世纪至 6 世纪是阿克苏姆王国的鼎盛时期，阿克苏姆作为都城也成为了当时非洲的政治、经济和文化中心之一，被后人称为埃塞俄比亚的“基石”和“城市之母”，这里的大量遗迹可追溯到公元 1 世纪至 13 世纪之间。

这一王国首都的庞大遗址是由方尖碑、大型石柱、皇家墓地和古代城堡遗迹等古建筑和文物组成，其中最为引人注目的就是许多遗迹是从花岗岩山石上直接开凿雕刻而成的。高高耸立的方尖石塔和石柱，反映了公元 1 世纪时阿克苏姆文明的财富和权力。

巨型方尖石碑是阿克苏姆文明的标志性建筑，这些石碑一般高 3 到 4 米，最高的达 33 米。阿克苏姆考古遗址原有一个由 7 座方尖碑组成的石碑群，其中的 5 座已倒塌（现已修复部分），剩下的 2 座中就有一座高 33 米，是世界上人类竖立

起的最高的石碑。该石碑的正面雕刻出了一个精美的 9 层的建筑图案，包括门、窗、梁等部件。另一座方尖碑高 24 米，碑顶下雕刻着一面类似盾牌的图案，不过在意大利占领埃塞俄比亚期间被掠往罗马，现竖立在君士坦丁拱门附近。

在阿克苏姆城西保存着 3 座巨型建筑物的地基，是阿克苏姆王国时期修建的古城堡的废墟，其中最大的城堡长 120 米、宽 85 米。在阿克苏姆城遗址的地下，还有各种雕刻、古陶器、陵墓、货币、石刻等大量的文物。

阿克苏姆考古遗址北面有公元 6 世纪阿克苏姆国王卡列卜的陵墓，墓室的顶部用整块花岗岩砌成，墓壁上刻着埃塞俄比亚最古老的文字——盖埃兹文。

阿克苏姆考古遗址

外文名称：Aksum
建造年代：公元1世纪至13世纪之间
高度：33米
位置：埃塞俄比亚北部提格雷地区

商业银行新总部大楼

埃塞俄比亚

埃塞俄比亚商业银行新总部大楼位于埃塞俄比亚首都亚的斯亚贝巴的商务核心区，由来自德国的 HENN（海茵）建筑公司设计，中国建筑股份有限公司承建的一座现代化摩天大楼。

2015 年 7 月，埃塞俄比亚商业银行新总部大楼开工。2022 年 2 月 13 日，大楼正式竣工，成为非洲第三高、东非第一高的摩天楼，也是中国建筑股份有限公司承建的东非最高建筑。

埃塞俄比亚商业银行新总部大楼集银行、会议、高端写字楼、餐饮、购物等业态于一体，总建筑面积约 16 万平方米，塔楼立面装饰高度为 209.15 米，地上 49 层，地下 4 层。大楼外部由 5208 块幕墙板构成，它们不断变化内、外倾斜角度，呈现出钻石形切面一般的造型，十分具有标志性。

这一设计灵感来源于埃塞俄比亚及其首都亚的斯亚贝巴的地理位置。埃塞俄

比亚位于红海西南的东非高原上，境内以山地高原为主，一直以来都有“非洲屋脊”的美称。其首都亚的斯亚贝巴坐落在中部高原的山谷中，海拔 2400 米，是非洲海拔最高的城市之一。

因此，德国 HENN（海茵）建筑公司以其独特的地貌为设计灵感，以钻石切面中的“山峰”映照天空，以“山谷”反射大地，同时与内部错落起伏的天花板面巧妙搭配，达到设计风格统一的效果。

商业银行新总部大楼

外文名称：New headquarters of Commercial Bank of Ethiopia

建造年代：2015年

高度：209.15米

位置：埃塞俄比亚亚的斯亚贝巴商务核心区

非盟总部大厦

埃塞俄比亚

非盟总部大厦，又称为非洲联盟会议中心，是位于埃塞俄比亚首都亚的斯亚贝巴的一座现代主义建筑，与城市中心的其他高层建筑物遥相呼应。

大楼于2009年6月破土动工，于2012年1月28日落成，总用地13.2万平方米，总建筑面积5万平方米，由办公楼、会议楼和辅助配套设施三部分组成，是亚的斯亚贝巴当时的最高建筑。

大楼的几个功能区块共同构成一个完整的长方形平面，与用地东侧城市主要道路南北向平行布置。办公塔楼位于会议区的南北两侧，南部为主席办公和会议服务区，北侧为普通办公区，在用地南北两侧的道路上设有专用办公出入口。

办公楼高99.9米，地下1层，地上20层；会议中心包括一个有2550个座位的大会议厅、681个座位的中会议厅、多功能厅、紧急医疗中心、数字图书馆等。大会议厅位于主入口礼仪轴线处，通过独特的形体处理突出其重要地位。

办公楼的内向立面采用方格网的几何式构图，朝向外部的立面则用竖向线条勾勒，不仅具有遮阳效果，在视觉上也使建筑物更加高耸。同时，大楼的形状减少了建筑外表面面积，以节约能源。

非盟总部大厦 

外文名称：The Conference Center of African Union
建造年代：2012年
占地面积：13.2万平方米
位置：埃塞俄比亚亚的斯亚贝巴

圣三一大教堂

埃塞俄比亚

圣三一大教堂是埃塞俄比亚重要的宗教胜地，是该国最著名且最具有历史文化意义的大教堂之一，也是非洲第二大教堂，历史悠久的东正教便起源于此。

1931 年 12 月 4 日，埃塞俄比亚末代皇帝海尔·塞拉西在他加冕典礼之后在这里放下了第一块基石，当时这里还被称为 Mekane Selassie 教堂。1936 年二战爆发，教堂建设被迫中止，待到战争结束后，教堂的建设随之重新启动，并于 1944 年 1 月 8 日完工，正式命名为圣三一大教堂。

教堂具有哥特式、巴洛克式和埃塞俄比亚教会式等多种风格，外立面为米黄色，大门的柱廊顶部呈圆拱形，上方围绕教堂一圈的墙上有精美的雕刻装饰。庭院内有“抗意战争”中为国捐躯的神职人员纪念碑，海尔·塞拉西皇帝和妻子玛南的坟墓也在此地。教堂内部亦有精美的雕塑，大片的玻璃上镶嵌着五彩的壁画，讲述着圣经故事。

圣三一大教堂

外文名称：Holy Trinity Cathedral
建造年代：1931年
建筑风格：哥特式、巴洛克式、埃塞俄比亚教会式
位置：埃塞俄比亚亚的斯亚贝巴